KB039720

수학으로
생각하기

Thinking

복잡한 것을 단순하게 보는 사고의 힘

수학으로 생각하기

스즈키 간타로 지음 · 최지영 옮김 · 최정담 감수

with

Math

·감수의 글·

처음으로 친구들과 편의점에서 컵라면을 먹었을 때의 일입니다. 어렸을 적 외국에서 살았기 때문에 편의점에서 컵라면을 먹어본 경험이 없었던 터라 친구에게 어떻게 컵라면을 먹는지 물어보았죠. 도대체 뭐 그런 걸 물어보냐는 눈빛이었지만 친구는 컵라면을 뜯은 뒤 뜨거운 물을 표시선까지 넣고 수프를 푼 뒤, 3분을 기다리면 된다고 (아무튼) 알려주었습니다. 그대로 했지만 결과는 엉망진창이었습니다. 뭐가 문제였을까요? 저는 안에 있는 라면을 빼고 뜨거운 물을 표시선까지 넣은 뒤 다시 라면을 넣어야 하는 줄 알았던 것입니다. 물난리가 날 수밖에요.

돌이켜 보면 재미있는 추억이지만 이 이야기는 나름의 메시지를 담고 있습니다. 바로 '사소한 지식'의 중요성입니다. 컵라면을 먹어본 사람에게 라면을 넣은 채로 사발에 뜨거운 물을 부어야 한다는 것은 너무 당연하고 사소한 지식입니다. 딱히 의식적으로 생각하지도 않지요. 그러나 이 사소한 지식을 모르는 사람은 절대로 컵라면을 제대로 먹을 수 없습니다. 라면 끓이기뿐만 아니라, 대부분 일의 성공과 실패를 좌우하는 것은 그러한 사소한 지식을 아느냐 모르느냐입니다.

다소 오만하게 들리겠지만, 저에게 이 책의 수학 학습법은 라면 제조법만큼이나 자연스럽고 사소한 이야기였습니다. 개념의 엄밀한 정의는 '당연히' 알아야 하는 것이고, 문제를 풀 때의 원리 역시 '당연히' 고민해야 하는 거였으니까요. 문제 풀이를 '외운다'라는 생각은 아예 해본 적이 없습니다. 그 때문에 저에게 이 책은 저자의 의도와는 정반대로 놀라운 책이었습니다.

제가 그동안 당연하게 생각해왔던 공부가 사실 수많은 학생에게는 전혀 당연하지 않았던 것입니다. 원주율의 정의가 무엇인지 제대로 모르는 학생이 대부분이라는 사실은 충격적이었습니다. 사실 너무 믿기지 않아서 주변의 '탈(脫)수학'한 친구들에게 원주율의 정의를 물어보기도 했죠. 그런데 정말로 잘 모르는 친구들이 대부분이었습니다.

솔직히 고백하자면 저는 스스로 수학에 특별한 재능이 있는 영재라고 생각한 적이 단 한 번도 없습니다. 이것은 겸손이 아닙니다. 오히려 왜 특별히 뛰어나지도 않은데 다른 친구들보다 계속 더 높은 성적을 받는지 이해가 되지 않았습니다. 그러나 이제 와서 돌이켜 보니, 소위 '공부 잘하는 학생'과 '그렇지 않은 학생'을 갈라놓았던 것은 이런 사소한 태도의 차이가 아니었나 싶습니다.

그런 이유에서 이 책이 갖고 있는 잠재력은 풍부합니다. 이 책이 담고 있는, 누군가에게는 사소하지만 누군가에게는 생소할지도 모르는 수학 습관을 익혀나가는 것이 어쩌면 학원을 남들보다 더 많이 다니는 것보다 유익할지도 모르겠습니다.

그렇다고 이 책을 읽기만 하면 수학 상위 1%에 들 수 있다고 말하려는 것은 아닙니다. 당연히 이런 공부 태도는 기본 소양일 뿐이고, 가장 중요한 것은 꾸준히 수학 실력을 가꾸어 나가는 노력이죠. 그러나 이런 공부 태도가 밑바탕이 된다면 적어도 자습서에 나오는 모든 공식을 달달 외우거나, 비슷한 유형의 문제를 기계적으로 푸는 등의 무의미한 공부는 줄일 수 있을 것입니다. 요컨대 공부다운 공부를 할 수 있게 되겠죠. 운이 좋다면 수학 공부를 하면서 소소한 즐거움을 느낄 수 있을지도 모르겠네요!

―《발칙한 수학책》 저자 최정담(디멘)

수학을 배워서 어디에 써먹지?

학원 강사 시절에 학생들에게 가장 많이 들은 질문이 뭔지 아세요?

바로 "선생님, 수학 배워서 어디에 써먹어요?"였습니다. 그럼 저는 항상 "글쎄, 별로 쓸데가 없네"라고 대답했어요.

"뭐라고?" 하고 놀라는 분이 분명 있겠지만 어떤 의미로는 진짜입니다. 별 도움도 안 될뿐더러, 잘못 공부하면 머리까지 나빠질 가능성도 있어요. 물론 하야부사호(소행성 이토카와에 착륙했다 돌아온 일본의 탐사선—옮긴이)가 우주에서 소행성 입자들을 가지고 다시 지구로 무사히 돌아오려면 수학은 꼭 필요합니다.

우주처럼 멀리 가지 않아도 훨씬 우리 가까이에서 수학이 쓰이는 예는 찾아볼 수 있어요. 스마트폰으로 하는 인터넷 쇼핑도 그런 방식이지요. 결제할 때 신용카드 정보를 제3자가 알 수 없게 하는 암호 체계도 다 수학 덕분이랍니다('RSA 암호'로 검색해보세요). 그뿐 아니라 모든 공산품과 교통 시스템, 그밖에 생활에 필요한 모든 것이 수학 없이는 성립할 수 없다고 해도 과언이 아닙니다.

그러나 결론을 말하자면 99.99%의 사람들은 수학의 고마움을 누리기만 할 뿐입니다. 수학을 이용해 편리한 물건이나 시스템을 만드는 사람들은 고작 0.01% 정도에 지나지 않아요. 대부분의 사람은 최소의 사칙연산조차 안 해도 사는 데 별다른 지장이 없습니다. 그런데도 초·중·고 12년 동안 일주일에 4, 5교시씩 수학 수업을 필수로 받고 있지요.

만약 피겨 스케이트를 초·중·고 기간 동안 한 주에 4교시씩 필수로 받게 하면 어떻게 될까요? 피겨 스케이트는 심신을 단련하기에 좋은 운동이에요. 김연아 선수처럼 올림픽에서 좋은 성적을 거두어 사람들에게 희망과 용기, 감동을 주는 사람도 필요하겠죠. 하지만 그렇다고 모든 학생이 피겨 스케이트를 필수 과목으로 배울 필요는 없지 않나요?

피겨 스케이트를 좋아하고 재능이 있는 0.01%만 학교 바깥에서 훈련하고 99.99%의 사람은 그 성과를 접하며 즐거움을 누리는 것이 당연하다 여길 거예요. 그러면 수학도 피겨 스케이트처럼 필수 과목이 아니라, 미래에 필요한 사람만 배우면 될까요? 아쉽게도 그렇지는 않습니다.

예전에 한 저명한 작가가 "이차방정식을 못 풀어도 지금까지 살아왔다. 이차방정식 따위는 사회에서 아무런 쓸모도 없으니 없애버

려야 한다"라고 발언했습니다. 이 일을 계기로 중학교 교과서에서 이차방정식 근의 공식이 삭제된 적이 있었죠. 안타깝게도 이분은 최소한의 수학적 소양을 익히지 못한 듯합니다. 그러니 이토록 비논리적인 발언을 했을 거예요.

근의 공식은 필요 없다?

그렇다면 무엇이 비논리적이라는 말일까요?

작가의 논리는 아래와 같이 구성되었습니다.

1. 없어도 살 수 있는 것은 사회에 도움이 안 된다
2. 이차방정식 근의 공식은 없어도 살 수 있다
3. 따라서 근의 공식을 없애야 한다

이 논리의 구성은 1의 대전제가 원래 틀렸기 때문에 논리라고 할 수도 없습니다. 이분의 논리대로라면 '이차방정식 근의 공식' 부분에 '작가 자신의 저서'를 넣으면 좋겠네요. 아무리 저명한 작가라도 99.9%의 사람은 이 작가의 책을 읽지 않았을 것입니다(밀리언셀러조차 일본 국민 전체의 1% 정도만 읽었으니까요).

그러니까 이분의 저서는 없어도 살 수 있으며 사회에 별 도움이 안 되는 것이지요. 그 말은 자기 저서를 없애야 한다는, 작가로서의 존재 의의도 부정하는 모순된 이론이 되어버립니다.

비논리적인 사고방식과 발언은 이처럼 사회인으로서 신뢰할 수 있는지, 그 인격까지 의심하게 만듭니다. 이러한 비논리적 발언을 하지 않기 위해서라도 수학을 공부해야 합니다. 즉, 수학을 배우는 의의는 '전제조건을 근거로 논리적 의견을 말하는 힘을 키운다'입니다. 수학을 배운 사람은 '소수는 홀수다'라고 말하고 싶을 때도 '2 외의 소수는 홀수다'라고 엄밀하게 말합니다.

또 다른 예를 들어볼게요. '일본인은 부지런하다'라고 말하고 싶을 때도 '일본인은 부지런한 사람의 비율이 높다'처럼 큰 집단을 주어로 단정하는 듯한 표현은 피합니다. 이렇게 정밀하게 말할 수 있는 능력도 수학을 배운 덕분입니다.

앞서 말한 작가는 '없어도 살 수 있는 것'이라는 큰 집단을 주어로 해 수많은 예외를 쉽게 들 수 있는데도 '사회에 도움이 안 된다'고 잘라 말했어요. 당연히 수학적·논리적 사고방식이 부족한 발언입니다. 그 작가도 분명 학생 시절에 열심히 수학을 공부했을 테지만 진짜 중요한 본질을 생각하는 사고법과 사물을 보는 법을 배우지 못한 것입니다.

'하지키'와 '구모와', 이건 무슨 암호?

수학을 배우는 본래 목적은 무엇일까요? 뜻도 모른 채 통째로 암기한 공식에 숫자만 대입해 정확하게 계산하는 것일까요?

아닙니다. 수학을 공부하는 목적은 논리적 사고력을 키우는 데 있습니다. 그러나 초·중·고를 통틀어, 게다가 학원에서조차 수학 수업의 원래 목적이어야 할 '논리적 사고력 키우기'와 동떨어진 수업을 하는 교사가 적지 않습니다.

실제로 조사하지 않아서 그런 교사가 정확히 어느 정도 있는지는 모르겠습니다. 하지만 속도와 비율의 문제에서 '하지키(속도 공식에서 속도[하야사速さ], 시간[지칸時間], 거리[쿄리距離]의 머리글자를 딴 구문)'와 '구모와(비율 공식에서 비교하는 양[구라베루료比べる量], 기준량[모토니나루료もとになる量], 비율[와리아이割合]의 머리글자를 딴 구문)'라는 수수께끼의 암호처럼 원을 그리고 그 안에 수를 넣는 방식으로 푸는 학생이 엄청나게 많다는 사실만 봐도 공식을 통암기해서 숫자만 대입하게 가르치는 교사가 많다고 추측할 수 있습니다.

저는 수학 유튜브 채널을 운영하면서 수학 관련 영상을 아주 많이 봅니다. 몇 달 전에 올렸는데도 조회 수가 0회인 영상부터(본인조차 보지 않음) 100만 회 이상인 영상까지요. 채널 운영자 중에는 학교 교사였거나 현재 교사인 사람도 매우 많지요.

유튜브 영상 속 속도 단원에서는 매우 높은 비율로 '하지키'가

등장합니다. 그중에 "저는 '하지키'를 쓰지 않아요. '미하지'를 씁니다"라는 의미 없는 말을 하는 사람까지 있습니다('미하지'는 '미치노리[道のり, 거리]', '하야사', '지칸'의 머리글자이며 의미는 '하지키'와 같습니다). 공식을 통암기하게 하는 수업 방식이 이렇게까지 광범위하게 퍼져 있다니 걱정됩니다.

만약 이처럼 본질은 나 몰라라 하고 달달 외운 공식에 숫자만 대입해 계산하는 데만 몰두하는 수학 수업이라면, 앞서 등장한 작가의 말처럼 수학 따위는 전혀 쓸모없는 것이 되겠지요.

단, 실생활에서는 '문제 푸는 법'만 가르치는 것이 합리적일 때가 있습니다. 방금 산 전기밥솥으로 맛있는 밥을 짓고 싶은 사람에게 스위치가 작동하는 구조나 이런 기계로 밥을 지을 수 있는 원리를 구구절절 설명한들 "다 집어치우고 취사 버튼이나 알려줘"라고 하겠지요? 물론, 저조차도 그렇게 말할 겁니다.

그러니 수학에서도 '원리야 어찌 됐든 답을 구하는 방법만 알려줘요. 그래야 시험을 잘 보니까'라는 의견이 다수를 차지하게 되고 그 의견을 따르는 선생들도 많아진 것이지요. 만약 시험만 잘 보기 위해 수학을 공부한다고 쳐봅시다. 그러면 앞서 밥솥처럼 작동법만 알면 목적이 달성될까요? 아니요. 수학은 그렇지가 않아요.

예를 들어 다음과 같은 문제는 비율의 본질을 이해한다면 정말 쉬운 문제입니다. 하지만 본질을 이해하지 못한다면 아무리 '구모와'라고 염불처럼 외워도 절대 못 풀어 냅니다.

어느 호수에 F라는 종류의 물고기가 몇 마리 살고 있는지 조사하려고 합니다. 이를 위해 F를 400마리 잡아 표시한 후 호수에 다시 풀어주었습니다. 며칠 후 F를 200마리 잡았더니 8마리에 표시가 되어 있었습니다. 이 호수에 살고 있는 F의 수를 추정하세요.

여러분은 어떻게 풀 건가요?(이 문제의 풀이법은 본문에서 다시 설명합니다.)

수학을 배우는 목적이 논리적 사고력을 키우기 위해서건 단순히 시험을 잘 보기 위해서건, 실생활의 문제 해결에 필요한 논리력를 얻기 위해서는 공식을 통째로 외우고 문제만 달달 푸는 게 아니라 '논리적으로 사물을 파악해 생각할 수 있는 두뇌', 즉 '수학머리'를 단련할 필요가 있습니다.

따라서 여기에서는 사고력이 필요한 실제 시험문제와 평소 무심코 지나쳤던 일상 속의 수학적 사고방식을 소개하고 함께 생각해보겠습니다. 이 책을 다 읽으면 여러분은 수학적 사고방식, 이른바 수학머리를 얻을 수 있습니다. '수학으로 생각하는 습관'은 여러분의 미래에 반드시 도움이 될 거예요.

이 책에서는 가능한 한 수학적인 지식이나 수식은 적게 넣고 읽기만 해도 논리적 사고를 익힐 수 있는 내용으로 구성했습니다. 이 책을 통해 수학으로 생각하는 법을 익힐 수 있다면 여러분의 논리력뿐 아니라 세상을 보는 시야 역시 넓어질 것입니다.

스즈키 간타로

· 차례 ·

1장 정의가 중요하다
원주율도 몰랐다니!

2장 문제를 이해하면 답이 보인다
골치 아픈 공식 절대 외우지 마라

3장 "왜?"부터 떠올릴 것
'당연함'이 수학적 사고를 망친다

수학머리를 정의하다

수학머리는 과연 무엇일까요? 이렇게 단순한 단어의 조합이 인터넷에 무수히 검색되고 책 제목에 들어갈 정도로 널리 쓰입니다. 그래도 사전에 오를 만큼 일반화된 말은 아니어서 먼저 수학머리라는 말의 정의를 분명히 하고 싶군요.

수학이라고 하면 계산(연산)이 딱 떠오릅니다. 계산이 수학의 기초라는 사실은 당연하니 그것을 부정할 생각은 없습니다. 하지만 수학을 못하는 사람일수록 '계산을 잘한다 = 수학을 잘한다'라는 잘못된 등식을 믿습니다.

'우리 애는 수포자였던 나처럼 되면 큰일'이라면서 오로지 아무 생각 없이 연산 훈련만 시키는 학원에 자녀를 보내는 부모들을 많이 봤습니다. 그 결과 똑같은 수포자를 재생산하는 광경을 눈앞에서 똑똑히 지켜봤지요. 이런 상황에서는 진정한 의미로서 수학을 잘할 수 없어요. 논리적·수학적으로 생각하는 일이 재미있어질 리 없습니다.

제가 정의하는 수학머리는 '사물의 본질을 파악해서 이해하는 힘'입니다. '본질'이란 사물의 근본적인 성질, 요소를 말합니다. '정의'가 본질을 나타낼 때가 많지요. '이해한다'는 것은 '사물의 근본적인 성질, 요소(본질)'에서 출발해 바른 논리 전개로 결론이 이끌어진 일련의 흐름을 안다는 말입니다.

즉, 수학머리란 사물의 본질을 파악하고 논리적으로 사고를 전개해 결론까지 생각을 착실하게 하나하나 쌓아가는 능력입니다. 그러한 일을 할 수 있는 사람이야말로 수학머리를 가졌다고 할 수 있습니다.

수학머리의 장점

수학머리를 가지면 무언가를 외울 때도 도움이 됩니다.

올바른 논리 전개 각각의 단계에는 의미가 있고, 의미가 있는 것은 쉽게 기억에 남습니다. 단순히 결론만 외우는 통암기는 마치 자기 전화번호와 같아서 계속 쓸 때는 기억하지만 기기 변경 등으로 쓰지 않게 되면 잊어버리고 맙니다.

학교에서 배웠지만 사회에서는 전혀 도움이 안 되는 것의 대명사인 근의 공식을 성인에게 물어보면 대부분은 "아~ 학교 다닐 때 배웠었죠. 지금은 하나도 생각이 안 나지만"이라고 대답합니다.

'$2a$분의 마이너스 b, 플러스마이너스……' 이런 식으로 주문처럼 통째로 외웠던 사람이라면 쓰지 않고 몇십 년이나 흐른 지금, 아무짝에도 쓸모없는 공식 따위는 잊어버리는 게 당연합니다.

그러나 근의 공식이 왜 그렇게 되는 건지 그 과정을 논리적으로 이해했던 사람은 "제발 부탁이니까 나 좀 잊어줄래?" 하고 애걸복걸해도 잊을 수가 없습니다.

그래서 제가 수학머리를 '본질을 파악해서 이해하는 힘'이라고 정의하는 것입니다. 반대로 수학적으로 사고하지 않는 사람은 본질을 파악하지 못해 결국 이해하기 어렵습니다.

이 본질을 파악하지 못하는 현상을 좀 더 자세히 8가지 특징으로 살펴보겠습니다. 자신에게 이런 특징이 있는지 한번 체크해보세요.

수학을 못하는 사람의 8가지 특징

저는 수학머리를 이렇게 정의했습니다. 수학머리란 '본질을 파악해서 이해하는 힘'이라고요. 그러면 그 반대인 '수학머리가 없다'란 무엇인지 구체적으로 이야기하겠습니다. 제 경험으로 볼 때 이런 상태는 수학을 못하는 사람들의 특징이라고도 할 수 있습니다.

1. 정의를 소홀히 여긴다

논리적 사고방식을 갖기 위해서는 그 출발점인 정의가 굉장히 중요합니다. 정의를 소홀히 여기면 논리의 기초가 흔들려 곧 무너져버립니다. 정의를 중요하게 여긴다는 말은 논리의 기초를 쌓는 일과 같습니다. 수학머리가 없는 사람은 이 점을 놓치는 경우가 많아요.

→ 1장으로

2. 문제 푸는 법만 외운다

문제 푸는 법만 외우면 시험문제는 빨리 풀 수 있겠지만 본질을 파악하는 과정을 무시하게 됩니다. 문제 푸는 법과 동시에 본질을 파악하는 일이 중요한데 그게 잘 안 되겠죠?

→ 2장으로

3. 왜 그렇게 되는지 생각하지 않는다

이는 문제 풀이만 기억하는 것과 연결되는 현상입니다. 주어진 공식이나 정리를 아무 생각 없이 그대로 사용하는 건 정말 좋지 않습니다. '왜 그렇게 되는 걸까'를 생각하면 논리력뿐 아니라 암기력도 좋아집니다. 공식을 외운 대로만 쓰면 논리력이나 암기력은 키울 수 없습니다.

⟶ 3장으로

4. 머리를 안 쓴다

수학 문제의 사고법과 풀이 과정은 한 가지가 아닌 경우가 대부분입니다. 머리를 이리저리 굴려서 최적의 풀이법을 생각하면 시간과 실수를 모두 줄일 수 있습니다. 그런데 하나의 풀이법만 외운 사람은 최적의 과정을 전혀 생각하지 못합니다.

⟶ 4장으로

5. 실수를 깨닫지 못한다

문제를 풀다 보면 단위의 차이나 조건의 양 등에서 실수를 할 때가 있습니다. 그때 실수를 잘 알아채느냐 마느냐가 문제 해결을 잘할 수 있는지를 판가름합니다. 만약 수학머리가 없다면 실수나 이상한 숫자를 알아채지 못한 채 무작정 돌진하게 됩니다.

⟶ 5장으로

6. 전체 흐름을 보지 못한다

몰랐던 문제의 해답을 보고 일단 안 것 같아 스스로 다시 풀려고 했더니 못 푼 적이 있지 않나요? 그야말로 나무만 보고 숲은 보지 못한 상태입니다. 문제나 사물의 본질을 생각한다는 말은 문제 전체를 파악해 어떻게 대처할지 생각하는 힘을 키우는 것인데 비 수학 머리는 그렇게 못하지요.

—→ 6장으로

7. 귀납적 사고를 하지 않는다

수학 문제는 공식만 알면 풀 수 있는 문제만 있지 않아요. 처음 보는 문제도 산처럼 많이 있습니다. 그때 귀납적 사고는 커다란 무기가 됩니다. 귀납적 사고를 하지 못하고 외운 공식대로만 접근하려 하면 문제를 전혀 감당하지 못하고 결국엔 엉뚱한 답을 내놓게 되지요.

—→ 7장으로

8. 조건을 놓친다

수학 문제는 원래 주어진 조건을 모두 사용해야 비로소 답이 나옵니다(보통 해답과 관계없는 조건이 주어진 문제는 악문이라고 합니다). 실생활에서 무언가를 결정할 때는 여러 조건을 참고해서 하는데요. 결정이 실패하는 경우는 대부분 조건을 얼마나 놓쳤는가 혹은 경시했는

가가 원인입니다.

——→ 8장으로

　　수학을 못하는 사람의 8가지 특징이자 반대로 수학머리를 가진 사람은 당연히 잘하는 8가지 특징이라고 할 수 있겠네요.

정의를 꽉 잡으면 신세계가 열린다

수학을 못하는 사람의 8가지 특징을 알아봤습니다. 모두가 수학머리를 갖지 못한 사람의 특징으로 이와 반대로 행동하면 수학머리로 바꿀 수 있습니다.

　　1. 정의를 중요하게 여긴다

　　2. 풀이법만이 아닌 본질을 파악한다

　　3. 왜 그렇게 되는지 생각한다

　　4. 머리를 써서 생각한다

　　5. 실수하더라도 금방 알아챈다

　　6. 전체 흐름을 파악한다

　　7. 귀납적으로 생각한다

　　8. 조건을 놓치지 않는다

이 책에서는 위의 8가지 특징을 1장부터 8장까지 나누어 설명했습니다. 또한 각 장에서는 수학 문제나 정리, 정의를 예로 들며 각각 필요한 힘을 키울 수 있도록 했습니다. 주위의 여러 상황들과 고등학생 때까지 배운 수학의 정의를 기초로 여러분의 머리가 조금씩 수학머리로 바뀌는 방법을 알려드릴게요.

정의란 '그렇게 정한 것'입니다. '이등변삼각형은 두 변의 길이가 같은 삼각형이다'처럼 의문의 여지가 없는 것도 있는 한편,

$$3^0=1, \quad 0!=1$$

과 같이 "진짜?"라며 반문하고 싶어지는 정의도 있습니다. 또,

'$1m$란 어떤 길이인가?'

'$1ha$란 어떤 넓이인가?'

'1년이란 무엇인가?'

처럼 평소 무심코 쓰는 개념도 정의를 모르는 것이 많습니다.

'왜 그런 정의가 생겼지?' 혹은 '원래 뜻이 뭘까? 깊이 생각해본 적이 없어'라며 정의에 대해 찬찬히 따져보세요. 그러다 보면 이런저런 지식들이 머리 안에서 거미줄처럼 쉴 새 없이 연결되는 듯한

느낌이 들 거예요. 이것이 바로 여러분의 뇌를 수학머리로 변화시키는 출발점이랍니다.

정의가
중요하다

원주율도 몰랐다니!

도쿄 대학교 입시 문제 중 전설로 불리는 문제가 있습니다. '원주율 > 3.05 를 증명하시오'라는 문제(2003년)인데요. 이 문제가 나온 배경은 당시 도입된 유토리 교육(일본에서 2002년 실시된 '여유 있는 교육'을 표방하는 교육 방침으로 과도한 주입식 교육을 지양하고 창의성과 자율성을 늘리고자 했다. 그러나 학력 저하 현상이 심화되어 다시 학력 강화 방침으로 돌아갔다. — 옮긴이) 때문이었습니다. 여유 있는 교육을 지향하는 유토리 교육으로 인해 원주율은 기존의 3.14에서 3으로 해도 좋지 않을까, 라는 공론이 일어났습니다. 그 안티테제로 이 문제가 등장했지요.

전설의 문제는 기본이 생명

수학을 못하는 사람은 자칫하면 정의를 소홀히 여기기 쉽습니다. 제가 생각하는 수학머리란 '본질을 파악해서 이해하는 힘'입니다. 정의를 소홀히 하면 '본질'을 파악하려 하지 않기 때문에 당연히 그 후의 이해에도 도달하지 않지요.

　　도쿄대의 전설의 입시 문제 '원주율이 3.05보다 크다는 것을 증명하시오'는 단순한 연산 문제를 제외하면 당시 대학입시 사상 가장 짧은 수학 문제였습니다(나중에 교토 대학교가 '$tan1°$는 유리수인가?'라는 문제를 출제해 최단 기록을 갱신했지요).

당시 학생들은 이 문제를 굉장히 어렵게 느꼈던 것 같습니다. 이 문제의 평균 점수는 낮았거든요.

학원 강사 시절, 저는 정의를 중요시했기에 온갖 정의에 대해 끈질기게 학생들에게 물어보곤 했어요. 당연히 "원주율이 뭐야?"라는 질문도 많이 했지요(학원 강사는 2001년까지 했으므로 문제 출제 전입니다). 이 질문을 들은 아이들의 반응은 대부분 앞의 그림과 같았어요.

$$원주율은\ 지름에\ 대한\ 원둘레의\ 비율,\ 즉\ \frac{원둘레}{지름}$$

이렇게 바르게 대답한 학생은 거의 없었습니다.

도쿄대 입시의 2차 시험(대학입학 공통 테스트를 치른 후 응시하는 학교별 본고사를 말한다.—옮긴이)은 전체 문제의 6할 정도만 맞히면 합격 라인에 들어갑니다. 그러니까 수학 시험에서 어떤 문제를 버릴지 가려내는 일도 합격을 위해 필요한 전략입니다. 도쿄대 시험을 치를 정도로 우수한 학생들이 원주율의 정의를 몰라서 이 문제가 어렵지는 않았겠지요. '버릴 문제'로 판단한 사람이 많아서 이 문제의 평균 점수가 낮았다고 생각됩니다.

원주율의 정의에서 본질을 파악하고 옛 사람들이 어떻게 원주율을 구했는지 교과서에 쓰인 역사를 되짚어가다 보면 해법이 번쩍하고 떠오를 겁니다. 그런데도 쉽게 맞힐 수 있는 이 문제를 한 번 쓱 보기만 하고 버리자고 판단한 사람은 역시 '본질을 파악해 이해하는 힘'이 부족한 것이지요. 아무리 도쿄대를 준비한 학생이라도 말이죠.

이 책에서 앞으로 자주 속도 문제의 '하지키'를 비판의 대상으로 들 텐데요. '그림을 그려서 구하고 싶은 것을 손가락으로 가리면 곱셈인지 나눗셈인지 생각도 하지 않고 한 방에 아는 방법', 이것이야 말로 수포자가 대량 발생하는 이유라고 생각합니다.

속도의 정의인 '단위 시간당 나아간 거리'를 머릿속에 저장해두면 어떤 계산을 해야 할지 명백합니다. 그런데 수학을 못하는 사람은 정의 따위는 밀어둔 채 무슨 소린지 모를 알쏭달쏭한 주문을 외우고 있습니다.

왜 그런 정의가 생겼을지 곰곰이 생각해봅시다. 생각을 거듭하다 보면 여태까지 몰랐던 많은 것들이 눈앞에 보일 거예요.

0제곱은 왜 1일까?

···2^5=32, 2^4=16, 2^3=8, 2^2=4, 2^1=2, 그렇다면 2^0=0?

정말 편리한 0제곱의 정의

2^0의 답이 무엇인지 알고 있나요? 저는 이 질문을 0제곱을 아직 안 배운 중학생이나 수학을 잘 못했던 어른에게 많이 해봤습니다. 열이면 열 모두 '0'이라고 대답하더군요.

$2 \times 2 \times 2 = 2^3$처럼 2를 3번 곱하면 '2의 세제곱'이라는 지수의 정의는 자연스럽게 이해가 되지요? 설령 지수가 무진장 큰 자연수라서 계산할 엄두가 안 난다고 해도 지수의 뜻은 이해할 수 있습니다. 그런데 0제곱은 '세제곱은 3번 곱하는 거니까 0제곱은 0번 곱한다. 아무것도 곱하지 않으므로 0'이라고 답하고 싶지요?

원래 0제곱 따위는 의미를 알 수 없으니 정의하지 않아도 되고, 정의라는 것은 '정해진 규칙'이므로 누구나 맨 처음에 떠올리는 0이라고 정의해도 좋을 테고요.

그러나 어떤 수의 0제곱은 1이라고 정의합니다(0은 제외. 0^0은 '정의하지 않는다'가 일반적입니다. 1이라고 정의해야 한다는 의견도 있고 소수지만 0이라고 정의하는 사람도 있습니다).

여기서 단순히 '0제곱은 1'이라고 외우는 사람과, '왜 0제곱을 1이라고 하지?' 하고 생각하는 사람에겐 커다란 차이가 있습니다. 그러면 0제곱을 1로 정의하는 이유를 살펴봅시다.

다음 식을 예로 들어볼게요.

$$3^2 \times 3^4 = (3 \times 3) \times (3 \times 3 \times 3 \times 3) = 3^6 = 3^{(2+4)}$$

이 식은 지수의 정의를 알면 누구나 이해할 수 있습니다. 즉, m 과 n이 둘 다 자연수일 때 지수법칙

$$\alpha^m \times \alpha^n = \alpha^{m+n}$$

이 성립합니다. 그런데 이 지수법칙이 n이나 m이 0일 때에도 성립했으면 좋겠다는 생각이 듭니다.

만약 $n=0$이라면

$$\alpha^m \times \alpha^0 = \alpha^{m+0} = \alpha^m$$

이 되어, $\alpha^m \neq 0$이므로 $\alpha^0 = 1$이라고 하면 참으로 편하지요.

혹은 이런 방법도 있어요. α의 지수를 하나씩 나누어갑니다.

$$\alpha^3 = \alpha \times \alpha \times \alpha$$

양변을 α로 나누면 좌변의 지수가 1 줄어듭니다.

$$\alpha^2 = \alpha \times \alpha$$

또 양변을 a로 나누면 좌변의 지수가 1 줄지요.

$$\alpha^1 = \alpha$$

다시 양변을 a로 나누면 좌변의 지수가 또 1 줄어요.

$$\alpha^0 = \alpha \div \alpha = 1$$

이 식에 의하면 'α^0이 1이다'라고 정의하고 싶은 것도 납득이 가지요.

0제곱을 정의했다면 지수 부분이 음수이거나 분수인 경우도 정의하고 싶어집니다.

더 편리한 지수의 정의

3^{-2}은 어떻게 정의하면 좋을까요?

3을 마이너스 2번 곱하다니 이건 0제곱보다 더 이해하기 어렵습니다. 여기서도 자연수일 때 성립한 지수법칙을 음수나 분수여도 성립시키고 싶다는 마음이 듭니다.

$$3^5 \div 3^3 = \frac{3^5}{3^3} = \frac{3 \times 3 \times 3 \times 3 \times 3}{3 \times 3 \times 3} = 3^2 = 3^{(5-3)}$$

m, n이 모두 자연수이고 $m > n$라면,

$$\frac{a^m}{a^n} = a^{m-n}$$

이 성립은 위에 나온 예처럼 쉽게 이해가 되지요.

$$3^3 \div 3^5 = \frac{3^3}{3^5} = \frac{3 \times 3 \times 3}{3 \times 3 \times 3 \times 3 \times 3} = \frac{1}{3^2}$$

이 계산에 이론은 없을 테지요. 이처럼 $m < n$의 경우라면

$$a^m \div a^n = \frac{1}{a^{n-m}}$$

이라는 것도 납득이 갈 거라고 생각해요. 수학 공식이나 정리는 되도록 모든 수에 제한 없이 쓸 수 있다면 정말 좋겠지요(그 바람은 이루어지지 않을 때도 있답니다). 그래서 m, n의 크기에 상관없이,

$$a^m \div a^n = a^{m-n}$$

을 성립시키기 위해서는

$$3^3 \div 3^5 = \frac{3^3}{3^5} = \frac{3 \times 3 \times 3}{3 \times 3 \times 3 \times 3 \times 3} = \frac{1}{3^2} = 3^{3-5} = 3^{-2}$$

즉, $a^{-n} = \frac{1}{a^n}$ 이렇게 정의하는 것이 편하겠군요.

그리고 $a^0 = 1$, $a^{-n} = \frac{1}{a^n}$ 로 정의하면 매우 좋은 점이 있어요. 십진법의 자릿수는 만, 천, 백, 십, 일, 소수 첫째 자리, 소수 둘째 자리. 즉

$$10^4,\ 10^3,\ 10^2,\ 10,\ 1, \frac{1}{10},\ \frac{1}{10^2}$$

로 되어 있는데

$$a^0 = 1,\ a^{-n} = \frac{1}{a^n}$$

이라고 정의한 덕에 자릿수의 지수가 10의 (4, 3, 2, 1, 0, -1, -2)제곱으로 깔끔하게 정리되었어요.

$6^{\frac{1}{2}}$은 3이다?

다음으로 분수 지수는 어떻게 정의할까요? 여기서도 자연수일 때 성립한 지수법칙과 앞뒤가 맞게끔 정의하고 싶습니다. $6^{\frac{1}{2}}$을 얼마로 정의할 수 있을지 생각해봅시다.

$$\text{‘6을 } \frac{1}{2} \text{번 곱한다’}$$

무슨 뜻인지 잘 모르겠으니 정의하는 수밖에 없습니다. 이것도 아직 안 배운 사람에게 물어보면 대부분 3이라고 대답합니다. 물론 그렇게 해서 조리 있게 되면 그렇게 정의해도 좋겠지만 $6^{\frac{1}{2}}$=3이면 어딘가 이상합니다.

$$(4^2)^3 = (4^2) \times (4^2) \times (4^2) = (4 \times 4) \times (4 \times 4) \times (4 \times 4) = 4^6$$

위의 계산처럼 $(4^2)^3$이 4^6이라는 것에는 이견이 없겠지요. 따라서 일반적으로 m, n이 자연수일 때, $(a^m)^n = a^{mn}$은 인정해도 좋습니다. 그런데 여기서도 역시 m, n이 자연수가 아닐 경우 이 법칙이 성립한다면 어떻게 될까요?

$$(6^{\frac{1}{2}})^2 = 6^{(\frac{1}{2} \times 2)} = 6^1$$

$6^{\frac{1}{2}}$은 2제곱했더니 6이 되었습니다. 2제곱해서 6이 되는 수는 무엇일까요? 바로 $\pm\sqrt{6}$입니다. 하지만 $6^{\frac{1}{2}}$을 음수라고 하면 부자연스럽습니다. 음수로 만들고 싶으면 $-6^{\frac{1}{2}}$이라고 하면 되므로 $6^{\frac{1}{2}}=\sqrt{6}$이라고 정의할 수 있고 $(\alpha^m)^n = \alpha^{mn}$이라는 지수법칙이 분수에도 적용된다고 할 수 있습니다.

일반적으로 $\alpha^{\frac{m}{n}}$은 n제곱하면 α^m이 되는 수이므로

$$\alpha^{\frac{m}{n}} = \sqrt[n]{\alpha^m}$$

이라고 정의합니다.

0제곱, 마이너스 제곱, 그리고 분수 제곱을 위처럼 정의해서 좋다고 생각되는 경우는 지수함수의 그래프입니다. $y=\alpha^x$의 그래프가 다음 그림처럼 매끄러운 곡선이 되는 것은 모두 위처럼 정의했기 때문이랍니다.

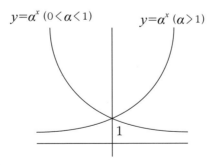

$y=\alpha^x \ (0<\alpha<1)$　　　$y=\alpha^x \ (\alpha>1)$

1

■ $y=\alpha^x$의 그래프

지수의 정의로 약수의 개수와 총합까지 이끌기

0제곱이 1이라는 사실은 약수의 개수와 총합을 구할 때에도 활약합니다(이렇게 하나의 정의에 이어 새로운 것을 계속 배우면 머릿속에 더 오래 남지요).

12의 약수는

$$1, 2, 3, 4, 6, 12$$

이렇게 6개로, 총합은

$$1+2+3+4+6+12=28$$

입니다. 이렇듯 12 정도라면 모두 써도 어렵지 않지만 360 정도가 되면 전부 쓰기 힘들거나 누락될 가능성도 있습니다. 하지만 처음부터 개수를 알고 있으면 전부 쓴 경우에도 빠진 것이 있는지 체크할 수 있습니다(6장의 '360'의 편리함 참조).

약수의 개수는 그 수를 소인수분해해서 $p^a q^b r^c$가 되었다면

$$(a+1)(b+1)(c+1) \text{ 개}$$

로 구할 수 있습니다. 따라서

$$360 = 2^3 \times 3^2 \times 5^1$$

이므로, 약수의 개수는

$$(3+1)(2+1)(1+1) = 24개$$

가 됩니다. 그러면 약수 총합의 공식과 '0제곱 = 1'은 도대체 어떤 관계가 있을까요?

12를 예로 들어볼게요. 12를 소인수분해하면 $2^2 \times 3$입니다. 약수인 1, 2, 3, 4, 6, 12는 12의 소인수인 '2개 있는 2'와 '1개 있는 3'을 몇 개인가 곱해서 생깁니다. 예를 들어 3은 '1개 있는 3을 1개 쓰고, 2는 2개 있지만 1개도 쓰지 않은' 것이고, 6은 '2와 3을 1개씩 쓴' 것입니다.

즉 약수란 소인수분해해서 나온 소수를 곱한 수로, 이때 등장했던 개수 이하라면 몇 개라도 곱해도 좋아요(쓰지 않는다 = 0개라도 좋다). $3 = 3^1$, $6 = 2^1 \times 3^1$라는 말이지요. 그래서 아까 나왔던 12의 소인수분해는 $12 = 2^2 \times 3^1$으로 다시 나타낼 수 있습니다. 그러면 약수 $= 2^a \times 3^b$으로 a에는 0이나 1이나 2, b에는 0이나 1 중 어느 하나를 대입한 것이 12의 약수라고 할 수 있습니다.

깔끔하게 이해할 수 있는 약수 개수의 공식이 이끌어졌습니다.

그리고 이때 $3=2^0 \times 3^1$이므로 0제곱을 1로 정의해서 좋았다고 생각합니다. 약수 개수의 공식은 다음 그림의 수형도를 보면 쉽게 이해할 수 있습니다. 지수에 1을 더하는 이유는 0개일 때도 경우의 수에 포함되기 때문입니다. 또 약수 총합의 공식은

$$(p^0+p^1+p^2+\cdots+p^a)\,(q^0+q^1+q^2+\cdots+q^b)\,(r^0+r^1+r^2+\cdots+r^c)$$

으로 나타낼 수 있습니다(이 공식도 단순히 암기만 하는 사람이 진짜 많습니다. 다시 강조하지만 이런 공식을 의미도 생각하지 않고 외우면 금방 잊어버리기 일쑤입니다).

12의 경우를 볼까요? 수형도의 오른쪽 약수를 곱셈으로 나타낸 식을 전부 더하면

$$2^0 \times 3^0 + 2^0 \times 3^1 + 2^1 \times 3^0 + 2^1 \times 3^1 + 2^2 \times 3^0 + 2^2 \times 3^1$$
$$= 2^0(3^0+3^1) + 2^1(3^0+3^1) + 2^2(3^0+3^1)$$
$$= (3^0+3^1)\,(2^0+2^1+2^2)$$

과 같이 되어 약수 총합의 공식도 이끌 수 있습니다. 이처럼 0제곱이 1이라는 정의로 여러 다른 공식들이 파생된답니다.

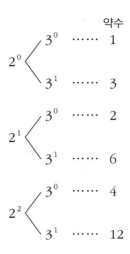

약수

$$2^0 \begin{cases} 3^0 & \cdots\cdots & 1 \\ 3^1 & \cdots\cdots & 3 \end{cases}$$

$$2^1 \begin{cases} 3^0 & \cdots\cdots & 2 \\ 3^1 & \cdots\cdots & 6 \end{cases}$$

$$2^2 \begin{cases} 3^0 & \cdots\cdots & 4 \\ 3^1 & \cdots\cdots & 12 \end{cases}$$

■ 12의 수형도

0!은 왜 1일까?

4!=4×3×2×1로 4부터 시작한다.
그럼 0!의 시작은 어디부터일까?

이상한 계승의 정의

'!'은 수학의 세계에서 계승(팩토리얼)이라고 합니다. 예를 들면 5계승(5!)은 5×4×3×2×1과 같이 5 이하의 자연수를 순서대로 곱해나갑니다.

0!이 1인 것도 '0제곱이 1'인 것 같이 처음에는 굉장히 이상하게 느껴지는 정의입니다. 네, 하지만 이것도 역시 정의예요. 원래 n!의 n은 자연수로, 예를 들면 4!=4×3×2×1과 같이 n에서 1씩 줄어들며 가장 마지막 수인 1까지 곱합니다. 그런데 0!이라고 하면 마지막의 1보다도 더 작은 0부터 곱하기 시작하라는 말인데, 이게 도대체 무슨 소리일까요?

이럴 때 무리하게 정의할 필요는 없어서 0!은 정의하지 않는 것도 하나의 방법입니다. 하지만 수학자들은 0!을 정의하고 싶었습니다. 왜 그랬을까요?

0!=1임을 가장 쉽게 납득할 수 있는 식이 있어요.

$$\frac{n!}{(n-1)!} = n$$

이 등식은 실제로 숫자를 넣어보면 명확해집니다.

$$\frac{5!}{(5-1)!} = \frac{5!}{4!} = \frac{5 \times 4 \times 3 \times 2 \times 1}{4 \times 3 \times 2 \times 1} = 5$$

$$\frac{4!}{3!} = \frac{4 \times 3 \times 2 \times 1}{3 \times 2 \times 1} = 4$$

$$\frac{3!}{2!} = \frac{3 \times 2 \times 1}{2 \times 1} = 3$$

$$\frac{2!}{1!} = \frac{2 \times 1}{1} = 2$$

이렇게 되면 다음은

$$\frac{1!}{0!} = 1$$

이 되는 것이 자연스럽겠지요. 그런데 납득은 가지만

$$\frac{n!}{(n-1)!} = n$$

이라는 공식이 없어도 그다지 곤란하지 않으므로 일부러 0!=1이라
고 정의할 정도의 가치는 느껴지지 않습니다. 그러면 경우의 수를
생각해볼까요? 계승이 가장 빈번히 등장할 때가 경우의 수 계산이
거든요.

경우의 수를 아름답게 나타내는 계승의 정의

이러한 계승은 '5명이 일렬로 서는 방법은 몇 가지가 있을까?'라는 문제를 풀 때 매우 도움이 됩니다.

5명이 일렬로 나란히 설 때, 1명째는 5가지, 2명째는 4가지, 3명째가 3가지……가 되므로 5!=5×4×3×2×1로 나타낼 수 있습니다. 다음으로 5명 중 3명만 줄을 서는 경우의 수는 5×4×3이 됩니다.

기호를 사용하면 $_5P_3$이라고 씁니다(퍼뮤테이션=순열). 이를 일반적으로 n명 중 k명만 줄 서는 경우라 해서 $_nP_k$라고 쓰는데 식으로 나타내면 어떻게 될까요?

$$_nP_k = \overbrace{n(n-1)(n-2)\cdots\cdots(n-k+1)}^{k개}$$

이렇게 표기되는데 가운데 ……은 좀 별로네요. 차례대로 곱하니까 계승의 기호 '!'을 쓰고 싶기도 합니다. 그래서 n명 중 k명만 줄 서는 경우는, 일단 전원을 줄 세우기 한다면 그 경우의 수는 $n!$이 됩니다.

$$n! = n(n-1)(n-2)\cdots\cdots(n-k+1)(n-k)(n-k-1)\cdots\cdots3\times2\times1$$

그런데 실제로는

$$_nP_k = n(n-1)(n-2) \cdots\cdots (n-k+1)$$

이니까 후반의

$$(n-k)(n-k-1) \cdots\cdots 3 \times 2 \times 1 = (n-k)!$$

은 불필요합니다. 그러므로 구체적 숫자, 앞서 예로 든 $_5P_3$일 때 처음부터 불필요한 2×1은 쓰지 않고 $_5P_3 = 5\times4\times3$으로 했습니다.

그러나 $_nP_k$의 경우는 $n!$과 일단 불필요한 $(n-k)(n-k-1)\cdots\cdots3\times2\times1$까지 쓰고 그것을 나눗셈으로 소거해

$$_nP_k = \frac{n(n-1)(n-2)\cdots(n-k+1)(n-k)\cdots3\times2\times1}{(n-k)(n-k-1)\cdots3\times2\times1} = \frac{n!}{(n-k)!}$$

으로 깔끔하게 표기할 수 있습니다. 그런데 여기서 n명 전원 줄 설때의 경우의 수는 당연히 $n!$가지인데 그를 공식에 적용하면

$$_nP_n = \frac{n!}{(n-n)!} = \frac{n!}{0!}$$

이 되어버립니다. 그래서 $0!=1$이라고 정의하면 이 공식은 예외 없이 쓸 수 있어 이치에 맞게 됩니다.

모든 이치에 맞는 정의의 존재

순열뿐 아니라 조합 계산에서도 0!=1이라고 정의하면 편리합니다.

예를 들면 7명에서 3명 고르는 조합은 $_7C_3$이라고 표기합니다(콤비네이션=조합). 이 계산은 먼저 7명에서 3명을 순서를 생각해서 나열합니다. 그러면 7×6×5가지의 순열이 생깁니다. 그러나 이중에는 예를 들면 A, B, C라는 3명의 조합이

(ABC, ACB, BAC, BCA, CAB, CBA)

로 3명을 정렬하는 3!=3×2×1의 개수만큼 중복해서 세어지고 있습니다.

즉, 7×6×5가지 중 하나의 조합으로 간주해도 좋은 것이 모두 (3×2×1)회 중복해서 세어지는 것입니다. 그래서 구하고 싶은 경우의 수는

$$_7C_3 = \frac{_7P_3}{3!}$$

가 됩니다. 그러면 일반적으로 n명에서 k명 고르는 조합 $_nC_k$가 어떻게 될까 생각해봅시다.

$$_nC_k = \frac{\overset{k\text{개}}{\overbrace{n(n-1)(n-2)\cdots\cdots(n-k+1)}}}{k!}$$

이 되는데 역시 표기가 멋이 없네요. 그래서 P일 때처럼 분모와 분자에 $(n-k)!$를 곱하면 어떻게 될까요?

$$_nC_k = \frac{n(n-1)(n-2)\cdots\cdots(n-k+1)(n-k)!}{k!(n-k)!} = \frac{n!}{k!(n-k)!}$$

으로 깔끔하게 표기할 수 있습니다.

그러나 역시 여기서 같은 문제가 발생합니다. n명에서 n명 고르는 조합, 즉 전원 고르는 경우인데요. 그것은 한 가지로 정해져 있습니다. 공식에 대입해보면

$$_nC_n = \frac{n!}{n!(n-n)!} = \frac{n!}{n!0!}$$

이 됩니다.

이 결과는 1이어야 하는데, 그러려면 역시 0!=1이어야 조화로워집니다.

이처럼 0제곱이 1이라든지 0!도 1이라는 정의도 그러한 정의에 이른 과정과 이유까지 생각하면 지식이 더 깊고 넓어진답니다.

문제를
이해하면
답이 보인다

골치 아픈 공식
절대 외우지 마라

저는 '하지키'나 '구모와'를 본 적도 쓴 적도 없는 초등학교, 중학교 생활을 보낸 게 행운이었습니다. 그러나 최근에는 중학교까지의 의무교육 기간 동안 학교와 학원에서 이 주문을 배우지 않고 졸업하는 운 좋은 학생은 드문 듯합니다.

진짜 우수한 학생은 선생님이 이 주문을 가르쳐줬다고 해도 '이런 건 필요 없고 오히려 해악이야' 하며 쓰면 안 된다고 판단할 수 있습니다. 하지만 대다수 학생은 선생님의 말을 그냥 받아들여버립니다. 논리력 키우기를 방해하는 나쁜 학습법 '하지키', '구모와'에서 벗어나 수학머리가 되는 첫발을 내딛기 바랍니다.

금방 잊어버리는 이유

이 세상 99.9%의 사람은 곱셈, 나눗셈 필산의 원리 따위 생각하지도 않고 '푸는 법'만 배워서 계산했을 거예요. 저조차도 곱셈, 나눗셈 필산으로 어떻게 바른 결과가 나오는지 생각했던 적은 학원 강사가 되고 나서였습니다. 그러니 다른 사람에게 수학을 가르치는 사람이 아니라면 원리를 뺀 '푸는 법'만 기억해도 괜찮습니다. 뒤집어서 곱하는 분수의 나눗셈도 그중 하나일 수 있습니다. 그러나 한번쯤은 누구나 왜 그렇게 되는지 푸는 법 자체를 생각하면 좋습니다.

전국의 초·중학교와 학원에 퍼진 '하지키'가 참으로 난감한 이유입니다. 이 방법은 진정 '본질 파악'을 거부한 학습법이니까요.

교사는 그런 것은 쓰지 말고 속도의 본질을 생각한 후 구체적인 간단한 예(시속 4km로 2시간 걸은 거리나 3분에 600m 나아간 때의 속도 등)를 생각하면 필연적으로 식이 이끌어진다고 가르쳐야 합니다(뒤에서 설명할 귀납적 사고).

어느 학원의 중학교 3학년 약 120명을 담당했던 때였습니다. '분속 $a(m)$로 b시간 간 거리는 몇 km인가?'라는 시험 문제에 100명 이상이 'ab'라고 답했습니다. 나중에 지역 최고의 명문 공립고등학교에 진학한 학생도 "○○ 선생님이 '하지키'라고 알려줬단 말이에요"라며 당당히 틀렸습니다.

이 학생이 말한 선생은 이과 담당으로 '하지키'뿐 아니라 이과 수학에 나오는 공식 전부에 머리글자를 딴 방식으로 반복해서 달달 외우게 했습니다. 벽이 얇아 옆 교실 수업 소리가 들려오는 구조여서 기억하고 싶지도 않은 '아메치(압력[아쓰료쿠], 면적[멘세키], 힘[치카라]의 머리글자를 딴 속성 암기 공식이다.—옮긴이)'를 비롯한 수수께끼 같은 주문이 제 머리에 남아버렸습니다.

그 선생의 입을 통해 '아메치'라는 말은 듣고 싶지도 않은데 수십 번이나 강제로 들었지요. 하지만 '압력이란 단위 면적당 작용하는 힘'이라는 정의는 단 한번도 들은 적이 없습니다.

> 압력은 단위 면적당 미치는 힘이므로 면적이 좁아지면 적은 힘으로도
> 압력은 커진다. 바늘 끝으로 가볍게 콕콕 찌르기만 해도 아픈 이유는
> 바늘 끝의 면적이 작아서 터무니없는 압력이 가해지기 때문이다.

이런 이야기는 아예 없이, 한 회 수업에 '아메치'를 몇 번이나 외게 하고 숫자만 바뀐 예제를 수두룩하게 냈을 뿐입니다. 정말이지 본질과는 동떨어진 수업입니다. 이런 방법으로 아무리 정답을 맞힌다 한들 본질적인 이해는 할 수 없습니다.

본질을 이해하고 근본 의미를 생각하게 되면 설사 문제가 조금 변형되었다 해도 그 자리에서 해결할 수 있습니다. 그러나 본질을 모르면 아주 조그만 변형(속도와 시간의 단위가 다를 경우 등)에도 쩔쩔맵니다.

저는 한때 루빅큐브를 여섯 면 모두 맞추는 데 2분도 걸리지 않았어요. 먼저 큐브의 한 면 맞추기는 스스로 원리를 이해할 수 있게 되었습니다. 하지만 두 면째부터는 매뉴얼을 보고 방법만 외워서 여섯 면을 맞추었습니다. 그리고 나서 시간 단축 연습을 했고요. 그결과 2분 만에 뚝딱 맞출 수 있었지요.

루빅큐브를 하지 않게 된 지 한참 지난 지금은 스스로 익혔던 한 면만은 금방 맞출 수 있지만 그 이상은 기억이 잘 나지 않습니다. 이처럼 이론을 모른 채 매뉴얼만 암기하면 조금만 안 해도 금방 잊어버립니다. 푸는 법을 기억해도 원리를 모르면 몸에 익힐 수 없다는 사실을 스스로 증명한 결과라 할 수 있지요.

공식만 외웠을 때
벌어지는 일

비율, 비교하는 양, 기준량의 원리를 이해하자

수학에서 요행수가 태어난 비극

속도 문제를 풀 때 '하지키'를 쓰듯이 비율 문제를 풀 때는 '구모와'가 퍼져 있는 듯합니다. 실제 현장에서 본 것이 아니라 인터넷 정보만 접해서 얼마나 많은 교사들이 쓰는지 그 비율은 정확히 모르겠지만, 유튜브만 해도 이를 쓰는 수업 영상이 많이 나옵니다.

푸는 방법은 '하지키'처럼 원 안에 '구모와'라는 글자를 쓰고 문제에서 비교하는 양(구), 기준량(모), 비율(와) 중 두 가지를 찾아내어 칸에 넣습니다.

남은 하나의 값을 구하는 방법이 곱셈인지 나눗셈인지, 나눗셈이라면 무엇을 무엇으로 나누는지 알 수 있는 구조입니다.

예를 들면 이런 문제가 있다고 합시다.

| 문제 |

다로네 학년에서는 12명이 안경을 쓰는데 이는 학년 전체의 3%라고 합니다. 다로네 학년은 모두 몇 명일까요?

이 문제에는 '비율=3%', '기준량=12명'의 두 가지 숫자를 찾아내어 대입하면 답을 구할 수 있다는 방법입니다.

그야말로 '문제 풀이'만 배우고 본질의 이해는 거부하는 학습법입니다. 저는 이런 유형의 문제를 혼자 풀 때나 남에게 가르칠 때나

'비교하는 양'이라든지 '기준량' 따위는 생각한 적 없고 말해준 적도 없습니다.

일본 문부과학성이 초등학생 대상으로 다음 문제의 정답률을 조사한 적이 있었습니다(문제의 숫자는 실제와 다릅니다).

| 문제 |

벽에 페인트를 칠하는 데 통에 든 양의 $\frac{1}{12}$에 해당하는 $\frac{3}{4}\ell$를 사용했습니다. 통에 들어 있던 페인트는 몇 ℓ일까요?

이 문제의 정답률은 약 30%였습니다. 이 문제에서 덧셈, 뺄셈을 떠올리는 사람은 거의 없겠지요. 따라서 곱셈이나 나눗셈인데

$$\frac{1}{12} \times \frac{3}{4}$$

$$\frac{1}{12} \div \frac{3}{4}$$

$$\frac{3}{4} \div \frac{1}{12}$$

이 중에 하나입니다. 정답률이 약 30%였다는 말은 대부분의 학생이 이 중 어떤 것을 적당히(한마디로 찍었다는 말이죠) 고른 결과입니다.

'구모와'를 배웠다 해도 본질을 모르니까 어느 것이 '비교하는 양'이고 어느 것이 '기준량'인지, 또 어느 것이 '비율'인지 알아차리지

못하고 숫자만 어림잡아 자신 있는 그림에 넣어 계산한 것이지요. 결국에는 정답을 맞힐 수 없었습니다.

'무엇은 무엇의 몇 배인가'만으로 해결하다

누구든지 추상적인 문자보다 구체적인 숫자 쪽이 머릿속에 떠올리거나 식을 만들어내기 쉽습니다. 분수는 일상에서의 사용빈도가 정수와는 비교도 안 될 정도로 적어서 문자처럼 머릿속에 떠올리기 쉽지 않습니다. 그러므로 분수를 정수로 바꿔 생각하는 훈련을 하면 좋습니다.

'통에 든 양의 $\frac{1}{12}$에 해당하는 $\frac{3}{4}\ell$'를 '통에 든 양의 2배에 해당하는 6ℓ'처럼 생각하기 쉬운 문제로 다시 만들어봅시다.

$$통 \times 2 = 6 이므로, \ 통 = 6 \div 2$$

라고 일단 생각한 후 원래 숫자를 넣어

$$통 = \frac{3}{4} \div \frac{1}{12}$$

로 하면 됩니다.

혹시 '그런 걸 일일이 따지느니 달달 외운 주문에 숫자만 넣어서 계산하는 게 빠르겠다'고 할지도 모르겠네요.

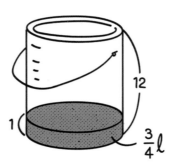

그러나 수학을 못하는 아이는 처음부터 문제에서 무엇이 '비교하는 양'이고, 무엇이 '기준량'이며, '비율'인지조차 모릅니다. 그것을 판단하려면 결국 '무엇은 무엇의 몇 배인가'라는 비율의 본질을 알아야 합니다.

'무엇은 무엇의 몇 배인가'를 문제에서 알아내면 자연히 곱셈식이 이끌어지고 동시에 '기준량'이나 '비교하는 양'이라는 용어가 불필요하다는 사실을 깨닫습니다.

이처럼 비율의 본질은 '무엇은 무엇의 몇 배인가'뿐입니다. 'A는 B의 C배입니다'라면 A=B×C라는 곱셈이 자연스럽게 떠오르지요.

그리고 수학에서 중요한 귀납적 사고(7장 참조), 즉 구체적인 예에서 법칙을 발견하는 일이 핵심입니다. A, B, C에 알기 쉬운 간단한 숫자를 넣어 생각하면 좋습니다. 6이 2의 3배라면 6=2×3이 되는 식처럼요.

구체적인 예에서 출발해 본질에 다다르다

일단 '6=2×3'과 같은 정수로 '무엇은 무엇의 몇 배인가'라는 관계를 구체적인 숫자로 떠올립니다.

그리고 비율을 나타내는 ○배는 많은 경우 1 미만입니다. 1 미만이면 '0. …'이라는 소수인데, 소수는 보기에 깔끔하지 않으니까 가능한 한 정수로 만듭니다. '0.12=12%'나 '0.452=4할 5푼 2리'로 하거나 적당한 수로 등분하여 '$\frac{1}{3}$' 등의 분수를 쓰면 됩니다.

'%'나 '할푼리' 등 비율을 나타내는 숫자는 소수로 환산한 후 꼭 '12%=0.12배', '4할 5푼 2리=0.452배'로 하고, '전체의 $\frac{1}{12}$에 해당하는 $\frac{3}{4}\ell$'처럼 단위가 없는 분수여도 '$\frac{1}{12}$배'처럼 꼭 '배'라는 문자를 붙이면 곱셈식을 쉽게 만들 수 있습니다.

안경을 쓴 사람(12명)은 전체의 3%(=0.03배)

통에 든 페인트의 $\frac{1}{12}$배는 $\frac{3}{4}\ell$

라고 하면

$$12 = 전체 \times 0.03$$
$$통 \times \frac{1}{12} = \frac{3}{4}$$

과 같이 문장 그대로 식으로 만들면 간단합니다. 그리고 6=2×3에서 2나 3과 같은 곱셈의 일부를 모를 때는 나눗셈을 하면 쉬워요.

'하지키'나 '구모와' 같다고요? 물론 특별한 해법이라고 할 만한 방법이 많지 않은 단순한 문제라 식은 똑같이 정해져 있습니다. 그러나 거기에 다다르기까지의 사고 과정은 전혀 다릅니다. '구모와'로 풀게 하는 선생은 대체로 아래처럼 말해요.

'구모와'라고 주문을 말하며 '무당벌레'(하지키, 구모와로 가르치는 선생은 대부분 이렇게 부릅니다) 그림에 '구모와'라고 써넣으세요. 그리고 문제 중에서 ○%, ○할 또는 분수인 '와(비율)'를 찾으세요. 그 다음에 '모(기준량)'를 찾으세요. 기준량을 찾는 포인트는 '~의'처럼 '의'가 붙는 단어, 그리고 '의' 앞부분에는 대개 '전원, 전체, 전부'처럼 '전○' 혹은 '정원, 정수, 정가'처럼 '정○' 같은 단어가 들어갑니다(실제 유튜브 영상에서).

즉 '와'와 '모'에 해당하는 숫자가 1개밖에 없다면 다른 하나의 숫자는 '구'이고, 2개의 숫자를 찾았다면 '구모와'에 숫자를 써넣어서 계산하기만 하면 된다는 방식입니다. 하지만 정가를 구하는 문제는 '원가의 20%의 이익을 예상하여 정가를 정하시오'와 같이 나옵니다. 이처럼 기준량이 없는 것도 많은데 '구모와' 그림만으로 괜찮을까요?

덧붙여 본질을 알고 있으면 통에 든 페인트의 $\frac{1}{12}$배가 $\frac{3}{4}\ell$인 경우, $\frac{1}{12}$로 분자가 1이고 12등분한 것이 $\frac{3}{4}$이므로 기준량을 구하려면 12배 하면 좋겠지요. $\frac{3}{4} \times 12$처럼 분자가 1인 특징을 이용해 곱셈을 이용하면 됩니다.

'구모와'의 본질에 다가가는 문제

저는 마음대로 수학 문장제를 다음처럼 정의합니다.

문장제란 답을 구하는 데 필요한 조건의 수치가 3개 이상 있는 문제

이 정의에 의하면 앞서 나온 두 문제는 문장제가 아닙니다. 왜냐하면 문제에 숫자가 2개만 나오기 때문이지요. 실은 그런 의미에서 초등학교 수학 교과서에는 문장제가 거의 없습니다.

왜 숫자 두 가지로는 문장제라고 할 수 없을까요? 숫자가 두 가지라면 덧셈, 뺄셈, 곱셈, 나눗셈 중 어느 것을 쓸지 생각하는 것만으로 충분하기 때문입니다. 초등학생은 음수를 배우지 않아서 뺄셈은 반드시 큰 수에서 작은 수를 뺄 것이고, 덧셈과 곱셈에서는 교환법칙이 성립합니다. 수 2개를 더하는 순서, 곱하는 순서는 답과 상관없으므로 덧셈, 뺄셈, 곱셈 중 어느 것인지만 맞히면 그걸로 정답

입니다.

단, 나눗셈만은 무엇을 무엇으로 나누어야 할지 판단해야 합니다. 어떤 수를 어느 수로 나눌지 두 가지 선택지 중 하나를 고르면 맞힐 확률은 50%입니다. 이 확률을 100%로 올리고 싶은 바람에서 누군가 '하지키', '구모와'를 생각해냈고 이렇게나 퍼진 것이겠지요.

'하지키', '구모와'는 숫자가 2개밖에 안 나오는 문제에서는 약간의 성과를 올릴 수는 있습니다. 하지만 숫자가 3개 이상 나오는 진정한 의미의 문장제에서는 거의 무용지물이 되고 말지요.

3개 이상 조건이 있는 문제에서는 먼저 여러 조건 중 2개의 조건을 써서 1개의 결론을 냅니다. 다음에 그 결론과 아직 쓰지 않은 조건을 조합해 새로운 결론을 내는 과정을 반복해 최종 결론을 얻습니다.

'하지키'와 '구모와'를 쓴다 해도 우선 어떤 조건 2개를 쓸지 골라야 합니다. 이건 속도와 비율의 본질을 모르면 불가능하지요. 그리고 본질을 이해하는 사람은 '하지키'나 '구모와'는 쓰지 않습니다. 그 말은 조건이 3개 이상 있는 진짜 문장제에서 '하지키', '구모와'는 아무도 쓰지 않는 쓸데없는 것이란 말과 같습니다.

'하지키', '구모와'는 논리적 사고를 하지 않는 습관을 만드는 폐해밖에 되지 않습니다. 그래서 본질을 파악하는 사람이라면 쉽게 푸는 비율의 문장제를 하나 소개하겠습니다.

앞서 시작하며 소개한 문제입니다.

| 문제 |

어느 호수에 F라는 종류의 물고기가 몇 마리 살고 있는지 조사하려고

합니다. 이를 위해 F를 400마리 잡아 표시한 후 호수에 다시 풀어주었

습니다. 며칠 후 F를 200마리 잡았더니 8마리에 표시가 되어 있었습

니다.

이 호수에 살고 있는 F의 수를 추정하세요(단, 새로 태어나거나 죽는 물고

기는 없다).

이것이 진짜 문장제 기본형입니다.

3개의 조건에서 2개를 골라 계산하고 거기서 얻어진 결과와 또

하나의 조건에서 또 다시 결론을 이끌어냅니다. A라면 B, B라면 C

라는 논리적 사고의 기본을 배우는 문제입니다.

이러한 문제는 본질을 이해하지 못하면 어떻게 계산해야 하는

지 전혀 짐작할 수 없습니다. '하지키'나 '구모와'로 배운 사람이라면 이렇게 답할지도 모르겠네요.

"200이 '모(기준량)'이고 8이 '구(비교하는 양)'야! 그러면 '와(비율)'가 0.04가 되네. 다음으로 400은 '구'니까 400÷0.04=10000마리가 답이야."

도대체 무슨 소리인지 모르겠습니다. 비율의 본질은 '무엇은 무엇의 몇 배인가'뿐입니다.

이 문제에서는 호수에 사는 F의 총수를 추정하면 되니까

표시된 물고기(8마리)는 잡은 물고기(200마리)의 몇 배인가

로 계산해도 좋고,

잡은 물고기(200마리)는 표시된 물고기(8마리)의 몇 배인가

로 해도 좋습니다.

어느 쪽으로 풀어도 답을 구할 수 있습니다.

이러한 유연성은 본질을 알아야 가능합니다. 하지만 나눗셈 순서를 정하는 도구인 '구모와'를 쓰는 사람에게는 나눗셈 순서가 어

느 쪽이어도 좋다는 건 상상도 할 수 없는 일이지요.

① '표시된 물고기(8마리)는 잡은 물고기(200마리)의 몇 배인가'의 계산

→ 8=200×□

→ □=8÷200=0.04

표시된 물고기는 전체의 0.04배라는 것을 알았다.

표시된 물고기는 호수 전체에 400마리 있으므로,

→ 400=총수×0.04

→ 총수=400÷0.04=10000

② '잡은 물고기(200마리)는 표시된 물고기(8마리)의 몇 배인가'의 계산

→ 200=8×□

→ □=200÷8=25

잡은 물고기는 표시된 물고기의 25배라는 것을 알았다.

호수에는 모든 표시된 물고기(400마리)의 25배의 물고기가 있으므로

→ 400×25=10000

물론 이 문제에서도 '구모와'에 두 숫자를 잘 넣는다면 정답을
구할 수 있습니다. 그러나 특히 ②번처럼, 표시된 물고기에서 전체
수를 추정할 때 '구모와' 그림에 숫자를 바르게 넣으려면 본질을 이
해하는 논리적 사고력이 필요합니다. 다시 말하지만 본질을 이해해

논리적 사고를 할 수 있는 사람은 애당초 '구모와' 공식을 쓰지 않습니다. 즉 '구모와'를 계속 쓰는 사람은 본질을 이해하지 못한다는 말이지요.

'구모와'를 쓰니까 본질을 이해할 수 없는 것인지 본질을 이해 못하니까 '구모와'를 쓰는 것인지 알 수 없지만, 어쨌든 '구모와'나 '하지키'를 그만 써야 논리적 사고력을 향한 첫걸음을 내디딜 수 있습니다.

원리만 알면
모두 같은 문제

속도, 시간, 거리에서 본질을 파악해 예측하자

본질을 알면 어떤 점이 좋을까

본질을 파악하면 예측할 수 있게 됩니다. 우선 다음 문제를 볼까요?

| 문제 |

A는 매분 75m의 속도로 걸어서 집을 나섰습니다. 15분 후에 A의 언니

가 자전거에 타서 매분 200m의 속도로 A를 뒤쫓아 갔습니다.

A의 언니는 집을 나와서 몇 분 후에 A를 따라잡을까요?

물론 공식을 통암기한 사람은 '하지키' 그림에 써서

$$75 \times 15 = 1125$$
$$200 - 75 = 125$$
$$1125 \div 125 = 9$$

라고 계산하겠지요.

물론 이렇게 해도 아무 문제가 없어요. 그러나 본질을 아는 사
람은 예측이 가능합니다. 75×15는 어차피 나눗셈을 해야 하니 계산
하지 않아도 좋다고 머리를 쓰지요. 또 다음과 같은 분수식으로 약
분해서 계산을 편하게 합니다.

$$\frac{75 \times 15}{125} = 9$$

(25로 나눈다) 3 3 (5로 나눈다)

$$\frac{\cancel{75} \times \cancel{15}}{\cancel{125}} = 9$$
$$\cancel{5}$$

(25와 5로 나눈다)

■ 약분의 사선

예측할 수 있으면 궁리할 수 있다

방정식 문장제 단원에서는 일반적으로 '구하는 수를 x로 한다'고 가르치는데 저는 그렇게 말하지 않습니다. 구하는 수를 x로 하는 것이 원칙이지만, 여러모로 생각해서 계산하기 쉬운 x가 있는지 고민하라고 합니다. 다음과 같은 문제에서는 어떨까요?

| 문제 |

열차가 철교를 건너기 시작해서 다 건널 때까지 걸리는 시간은 길이 200m인 보통열차는 30초, 길이 160m인 특급열차는 14초였습니다. 특급열차의 속도는 보통열차의 2배입니다. 이 철교의 길이는 몇 m인지 구하세요(단, 철교를 건너는 동안 열차의 속도는 일정합니다).

'푸는 법 암기', '하지키'를 권하는 선생의 풀이법은 다음과 같습
니다.

일단 다리 길이(구하는 것)를 x로 합니다.

특급열차의 속도는 보통열차의 2배이므로

$$\frac{x+200}{30} \times 2 = \frac{x+160}{14}$$

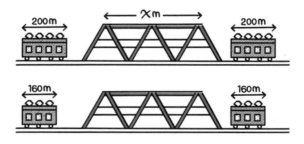

	달린 거리	시간	속도(하지키를 써서)
보통열차	$(x+200)$m	30초	$\frac{x+200}{30}$
특급열차	$(x+160)$m	14초	$\frac{x+160}{14}$

이래서는 분수 계산이 번거로워 안 그래도 수학을 못하는 학생
은 질려버립니다. 속도든, 비율이든, 소금물 농도든 가장 머릿속에
그리기 쉬운 셈은 곱셈입니다. 곱셈으로 식을 만들기 위해서는 속

도를 x로 하면 좋습니다. 보통열차의 속도를 $x(m/초)$로 하면 특급열차는 그 2배이므로 $2x(m/초)$입니다. 즉,

보통열차 30초로 나아간 거리 $30x$=다리의 길이+200

특급열차 14초로 나아간 거리 $2x×14$=다리의 길이+160

다리의 길이가 같다는 식을 만들면

$$\rightarrow 30x-200=28x-160$$

$$\rightarrow x=20$$

물론 여기서의 x는 구하고자 하는 다리 길이는 아니니 마지막에 따로 계산해야 합니다. 하지만 방정식을 세우고 쉽게 풀기에 어느 쪽이 간편한지 딱 봐도 알겠지요?

이처럼 단지 '하지키' 공식에 대입해 풀지 않고 본질을 이해하면, 비록 '하지키'를 썼다 해도 쉽게 계산하는 최선의 방법으로 문제에 대처할 수 있습니다.

이해가 깊어지며 다양한 방법을 고민한다

속도 문제를 한 문제 더 풀어봅시다. 먼저 문제를 보세요.

| 문제 |

A, B, C 3명이 100m 달리기를 했습니다. A는 B와 20m 차이로 골인하고, B도 C와 20m 차이로 골인했습니다. 그렇다면 A는 C와 몇 m 차이로 골인했을까요?

본질을 이해하지 못한 사람은 'A와 B의 차이가 $20m$, B와 C의 차이도 $20m$니까 A와 C의 차이는 $40m$'라고 생각합니다.

또 '하지키'를 좋아하는 사람 역시 '속도'도 '시간'도 문제에 없으니 손도 못 대지요. 문제에서 묻는 것을 x로 한다는 푸는 법 암기파는 'A와 C의 차를 x'로 하고 방정식을 세울 때 나머지 A, B, C의 속도 등도 문자로 바꿔야 하니 큰일입니다.

여기서도 본질 이해를 우선시하는 사람이라면 '속도×시간=거리 식에서 거리는 속도, 시간에 비례한다. 즉 속도가 2배, 3배가 되면 거리도 2배, 3배가 된다'에 주목합니다. 그러니까 같은 시간에 나아간 거리의 비와 속도의 비는 같다는 말입니다.

A와 B가 같은 시간에 각각 $100m$, $80m$ 달렸다고 하면

속도의 비 A:B=100:80=5:4

똑같이 B와 C는 같은 시간에 각각 100m, 80m 달렸으므로

속도의 비 B:C=5:4

임을 알 수 있습니다.

여기서 '비는 같은 수를 곱하거나 같은 수로 나누어도 변하지 않는다'는 성질을 이용해 B의 수치를 같게 만들면

A:B=5:4=25:20

B:C=5:4=20:16

A:B:C=25:20:16

A와 C의 속도의 비는 25:16임을 알 수 있지요.

그리고 거리는 속도에 비례합니다. '속도의 비=거리의 비'이므로 25:16이라는 속도의 비는 같은 시간에 달린 2명의 거리의 비이기도 하지요.

문제에서 묻는 것은 A가 골인(100m 완주)했을 때 C가 달린 거리이므로 25:16=100:64가 되겠지요. 그러면 A가 100m 달린 동안 C가 달린 거리는 64m임을 알 수 있고 문제의 답 100-64=36m가 바로 나옵니다.

여러 접근법으로 문제를 해결할 수 있다

다음 문제는 어떨까요?

| 문제 |

어느 학교 학생의 남녀 비율은 5:6인데 자전거로 통학하는 학생의 비율은 남자가 40%이고 여자는 30%이며, 전부 합하면 190명입니다. 이 학교의 남학생 수는 몇 명일까요?

여기서도 구하는 것을 x로 하면 남학생 수가 x명이 됩니다. 실은 여학생 수를 x로 하는 게 좋지만 남녀비가 5:6으로 남학생이 x명일 때 여학생 수를 x로 하는 일은 '구모와'만 외운 학생에게는 불가능하겠지요.

그래도 만약 문제에서 여학생 수도 물었다면 미지수가 2개이니 연립방정식이라고 판단할 수 있습니다. 여학생을 y명이라고 하고

$$x:y=5:6$$
$$0.4x+0.3y=190$$

과 같은 연립방정식을 세울 수 있을지도 모릅니다. 단, 그렇다면

$$6x=5y, \quad y=\frac{6x}{5}$$

$$4x+3y=1900, \quad 4x+3\times\frac{6x}{5}=1900$$

$$20x+18x=9500$$

$$38x=9500$$

$$x=250$$

처럼 상당히 성가신 계산을 해야 합니다.

한편 본질을 파악한 후 이리저리 궁리하는 사람은 문제에서 남학생 수를 묻고 있어도 당연하듯 남학생 수를 x명으로 두지 않습니다. 물론 여학생도 아닙니다. 여기서는 구체적인 사람 수를 x로 하는 게 아니라, 추상적인 x를 상정해서 남학생 수를 '$5x$명', 여학생 수를 '$6x$명'으로 설정해야 합니다.

그러면 방정식은 딱 한 줄로 정리됩니다.

$$5x\times0.4+6x\times0.3=190$$

$$3.8x=190$$

$$x=50$$

즉, 남학생은 50×5=250명임을 알 수 있습니다. 이처럼 본질을 이해한 후 이런저런 방법을 생각하면 계산도 편해지고 실수도 줄어듭니다.

3장

"왜?"부터 떠올릴 것

이유와 이치를 따진다

'당연함'이
수학적 사고를 망친다

분수의 가감승제에서 유일하게 나눗셈만 뒤집어서 계산합니다. 여러분은

왜 그런지 궁금하지 않나요? 이런 사소한 일을 '왜 그럴까?' 하고 생각하기

만 해도 논리적 사고력이 키워집니다. 본질을 생각하며 그 위에 논리를 차

곡차곡 쌓아보길 바랍니다.

'원래 그런 것'은 없다

수학뿐 아니라 모든 사물과 현상에 대해 왜 그런지 이유와 원리를 생각하는 일은 매우 중요합니다. 마음속에 의문을 품고 '왜?' 하고 묻는 일은 어렸을 때 모두가 했을 테지요. 그런데 이상하게도 언젠가부터 수학만은 아무것도 궁금하지 않게 되었습니다. 저는 그 이유가 분명 분수의 나눗셈에 있다고 생각합니다.

"왜 분수의 나눗셈은 뒤집어서 곱해요?"

선생님이나 부모님, 형이나 누나한테 물어본 적이 누구나 있을 거예요. 그리고 아마 대부분 '원래 그런 거니까 그냥 외워라'라는 대답을 듣지 않았을까요? 그 후 수학 공부를 하다 궁금한 것이 생겨도 '그냥 외우는 수밖에 없어' 하고 체념하며 아예 의문조차 품지 않게 된 사람이 많아졌을 거라고 추측합니다.

'하지키' 방식의 수업을 비판하면 반드시 되돌아오는 반론은 다음과 같은 말입니다.

"어쨌든 푸는 법만 외워서 답을 구할 수 있으면 문제가 풀리는 기쁨도 느끼고 수학 공포증도 해소되잖아. 원리야 나중에 천천히 공부하면 되는 거 아닌가?"

'다음번과 귀신은 오지 않는다'고 하지요. 나중이라는 약속 역시 지켜지는 일은 거의 없습니다.

분수의 나눗셈을 왜 거꾸로 뒤집어서 곱하는지에 대해 '나중에' 이론을 생각하거나 가르치는 사람이 과연 있을까요? 문제 풀이만 가르치고 왜 그렇게 되는지 원리를 가르치지 않는 선생이 몇 명이라도 존재하는 이상, 운 나쁘게 그런 선생에게만 배운 사람도 있겠지요.

모처럼 이론 설명을 해주는 선생이라 해도 도저히 설명을 알아듣기 힘든 경우도 있습니다. 그러나 어차피 남한테 배우는 공부는 빙산의 일각입니다. 학문은 스스로 악전고투해서 능동적인 노력으로 익히는 것이 90% 이상이에요.

단, 스스로 노력할 때 공식 암기에 에너지를 쏟아붓지 말고 왜 그렇게 되는지 원리를 깊이 생각하는 일에 주력해야 합니다. 다행히 오늘날에는 인터넷 검색만으로도 수많은 정보를 금방 알 수 있습니다. 하지만 원리를 생각하지 않으면 인터넷도 흙 속의 진주나 마찬가지예요.

저는 사실 수학 Ⅲ(일본 고등학교 수학 교과서 중 하나로, 이과 계열 학생들이 3학년 때 배운다. ─옮긴이) 공부를 40대 후반에 시작했습니다. 그때 자연로그의 기초인 네이피어의 수 e(로그를 발견한 수학자 존 네이피어의 이름을 따라 네이피어의 수 또는 네이피어 상수 또는 자연상수라고 부르는 수로, 보통 극한값 $\lim_{n \to \infty}(1+\frac{1}{n})^n$으로 정의하며 그 값은 무리수로 2.718281828459…이다. ─옮긴이)가 도저히 이해되지 않았습니다.

당시 이과 계열 최고 대학인 게이오기주쿠 대학교 의학부 학생과 대화할 기회가 생겨 "왜 $y=e^x$은 미분해도 식이 변하지 않고 $y'=e^x$인 거야?"라고 물었습니다.

의학부생 원래 그런 거예요.
나   뭐? 왜 그대로인지 이유를 모른다고?
의학부생 네, 그냥 그렇다고 배워서 생각해본 적도 없어요.

왜 그런지 이유를 생각하지 않아도 최고 명문 대학에 입학하는 사람이 더러 있겠지만, 어디까지나 예외라고 생각하고 싶네요.

왜 그런지 생각하고 이론적으로 해결해가는 과정은 머리에 오래도록 남습니다. 단순한 통암기로는 비실비실한 수학머리가 될 뿐입니다.

왜 분수의 나눗셈은
뒤집어서 곱할까?

분수의 나눗셈 원리를 다시 이해해보자

나눗셈의 두 종류

분수의 나눗셈은 왜 뒤집어서 곱할까요?

이를 설명하기에 앞서 나눗셈에는 두 종류가 있다는 걸 알아야 합니다(□÷정수=□×$\frac{1}{정수}$=$\frac{□}{정수}$는 인정한 후에 설명합니다).

① 사과 12개를 한 봉지에 3개씩 나누어 담으면 몇 개의 봉지에 담을 수 있을까요?

12(개)÷3(개/봉지)=4봉지입니다.

② 12ℓ의 페인트로 4㎡의 벽을 칠했습니다. 1㎡ 칠하는 데 필요한 페인트의 양은 얼마입니까?

12(ℓ)÷4(㎡)=3(ℓ/㎡)입니다.

① 과 같은 유형에서 숫자가 분수면

$\frac{19}{4}\ell$의 물을 $\frac{2}{5}\ell$씩 컵에 부으면 몇 개의 컵에 부을 수 있을까요?

와 같은 문제가 되고, 식은 $\frac{19}{4} \div \frac{2}{5}$가 됩니다. 그럼 이 식은 어떻게 계산하면 좋을까요? 분수의 덧셈, 뺄셈에서 통분한 것처럼 나눗셈에서도 통분해보겠습니다.

$$\frac{19}{4} \div \frac{2}{5} = \frac{19 \times 5}{4 \times 5} \div \frac{2 \times 4}{5 \times 4} = \frac{95}{20} \div \frac{8}{20}$$

$\frac{95}{20}$는 $\frac{1}{20}$이 95개, $\frac{8}{20}$은 $\frac{1}{20}$이 8개입니다.

그래서 $\frac{1}{20}$을 새로운 1단위로 하면, $\frac{95}{20} \div \frac{8}{20}$은 95개를 8개씩 나누면 몇 봉지인지 묻는 문제와 같아지고, 95÷8이라는 식이 나옵니다. 그런데 95나 8은 95=19×5, 8=4×2로 된 수입니다. 즉,

$$95 \div 8 = \frac{95}{8} = \frac{19 \times 5}{4 \times 2} = \frac{19}{4} \times \frac{5}{2}$$

가 됩니다. 그러면 통분했던 때부터 문자로 일반화하면 어떻게 될까요?

$$\frac{b}{a} \div \frac{d}{c} = \frac{bc}{ac} \div \frac{ad}{ac} = bc \div ad = \frac{bc}{ad} = \frac{b}{a} \times \frac{c}{d}$$

가 됩니다.

다음으로 ②와 같은, 하나에 해당하는 양을 구하는 유형에서는 어떨까요? 이것도 분수로 계산해보겠습니다.

$\frac{17}{5}\ell$의 페인트로 $\frac{3}{4}$㎡의 벽을 칠했습니다. 1㎡ 칠하는 데 필요한 페인트의 양은 얼마일까요?

$\frac{3}{4}m^2$는 1㎡를 4개로 나눈 것 중의 3개분입니다. $\frac{17}{5}\ell$로 $\frac{1}{4}m^2$의 3개분을 칠했으므로 $\frac{1}{4}m^2$ 1개분을 칠하는 데 필요한 페인트의 양은

$$\frac{17}{5} \div 3 = \frac{17}{5} \times \frac{1}{3}$$

입니다. 그리고 지금 구하고 싶은 것은 $1m^2$를 칠하는 데 필요한 페인트의 양으로 $1m^2$는 $\frac{1}{4}m^2$가 4개 모였으니

$$\frac{17}{5} \times \frac{1}{3} \times 4 = \frac{17}{5} \times \frac{4}{3}$$

가 됩니다.

$$\frac{17}{5}\ell \div 3 = \frac{17}{5} \times \frac{1}{3} \quad \cdots\cdots \quad \frac{1}{4}m^2 \text{당 페인트의 양}$$

$$\frac{17}{5}\ell \times \frac{1}{3} \times 4 \quad \cdots\cdots \quad 1m^2 \text{당 페인트의 양}$$

따라서

$$\frac{17}{5} \div \frac{3}{4} = \frac{17}{5} \div 3 \times 4 = \frac{17}{5} \times \frac{4}{3}$$

가 됩니다.

이렇게 해서 분수가 뒤집어지는 이유도 본질을 생각하면 더 깊게 이해할 수 있습니다.

곱셈, 나눗셈
빨리 해볼까?

곱셈, 나눗셈 필산의 원리를 새롭게 이해하자

합리적인 곱셈의 필산

두 자리가 넘는 수의 곱셈을 할 때 당연하게 사용하는 필산. 초등학교 때 배웠는데 여러분은 왜 필산으로 계산할 수 있는지 생각해본 적이 있나요? 이 간략화된 방법도 실은 $a \times (b+c) = a \times b + a \times c$라는 분배법칙을 쓴 식을 세로로 압축해서 쓴 것뿐입니다. 하나하나의 과정을 일일이 따라가다 보면 정말 합리적이라는 사실을 알 수 있어요.

| 문제 |

47×36은 얼마일까요?

필산하면 순식간에 풀 수 있지만 이번에는 다른 방법으로 접근해볼게요. 일반적으로 두 자릿수는

$$\boxed{a}\,\boxed{b} = 10a + b$$

로 나타낼 수 있습니다. 계속해서

$$\boxed{a}\,\boxed{b} \times \boxed{c}\,\boxed{d} = (10a+b)(10c+d) = 100ac + 10(ad+bc) + bd$$

로 나타낼 수 있지요. 즉,

$$47 \times 36 = (40+7)(30+6) = \underbrace{100 \times 12}_{④} + 10(\underbrace{24}_{②} + \underbrace{21}_{③}) + \underbrace{42}_{①}$$

이렇게 됩니다.

여기까지 분해한 식을 되짚으며 아래 그림을 보세요.

$$
\begin{array}{r}
47 \\
\times \quad 36 \\
\end{array}
$$

① …	42	…	7×6
② …	240	…	$10\ (4 \times 6)$
③ …	210	…	$10\ (3 \times 7)$
④ …	1200	…	$100(4 \times 3)$
	1692		

이 그림의 ①과 ②, ③과 ④를 합한 것이

$$
\begin{array}{r}
47 \\
\times \quad 36 \\
\end{array}
$$

①+② … 282
③+④ … 141
1692

141◯

141 = 1410

입니다.

이렇듯 필산이란 식을 아주 간단하게 정리한 계산법입니다. 만약 325×67이라는 계산이어도 하는 방법은 같습니다.

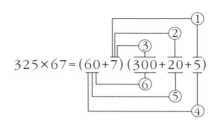

$$325 \times 67 = (60+7)(300+20+5)$$

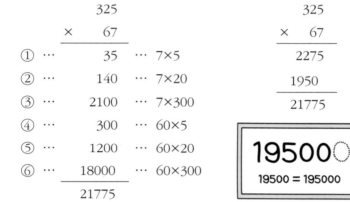

	325		325
	× 67		× 67
① ⋯	35 ⋯ 7×5		2275
② ⋯	140 ⋯ 7×20		1950
③ ⋯	2100 ⋯ 7×300		21775
④ ⋯	300 ⋯ 60×5		
⑤ ⋯	1200 ⋯ 60×20		
⑥ ⋯	18000 ⋯ 60×300		
	21775		

```
19500○
19500 = 195000
```

①에서 ⑥까지의 수를 한 줄로 합쳤을 뿐입니다.

원리를 알면 쉬운 방법이 보인다

여기서 다시 한 번 47×36을 생각해봅시다.

$$47 \times 36 = (40+7)(30+6) = \underset{④}{\underline{100 \times 12}} + \underset{②}{\underline{10(24}} + \underset{③}{\underline{21)}} + \underset{①}{\underline{42}}$$

이때, 실은 두 자릿수의 곱셈은 좀 더 쉬운 방법이 있습니다. ① 과 ④, ②와 ③을 합체합니다. 무슨 말이냐면 ①과 ④의 합체는

$$6 \times 7 = 42 \quad (①)$$
$$3 \times 4 = 12 \quad (④)$$

를 한 줄로 늘어놓은 것입니다. 그러면 1242가 되지요. 다음으로 ② 와 ③의 합체인데 이것은

$$4 \times 6 = 24 \quad (②)$$
$$3 \times 7 = 21 \quad (③)$$

로 47과 36을 엇갈리게 곱한 후 더하면 됩니다. 그러면 24+21=45라 는 결과를 얻을 수 있습니다. 마지막으로 이 2개의 숫자, 1242와 45 를 더하면 끝입니다.

단, 이 45에는 ×10이 숨어 있으므로 더할 때는 1242+450=1692, 이렇게 해야 합니다. 이렇게 하면 두 자릿수의 곱셈은 전보다 훨씬 빠르고 실수도 적어지겠지요.

$$
\begin{array}{r}
47 \\
\times\ 36 \\
\hline
④ \cdots\ ⑫④② \cdots\ ① \\
⑤④ \cdots\ ②+③ \\
\hline
1692
\end{array}
$$

나눗셈의 필산도 원리는 간단하다

| 문제 |

52342÷3은 얼마입니까?

가감승제 중 나눗셈만 왜 높은 자리부터 계산할까요? 숫자만으로 생각하면 머릿속에 잘 떠오르지 않기 때문에 52342엔을 3명에게 나누는 경우를 생각해봅시다. 총금액을 1엔짜리 동전으로 바꿔 트럼프 카드 나누듯이 한다면 확실하겠지만 보통은 그렇게 하지 않겠지요.

먼저 1만 엔 지폐 5장을 3명에게 나눕니다. 그러면 1명당 1장으로 1만 엔 지폐 2장이 남습니다(이 시점에서 1명당 1만 엔).

더 이상 1만 엔 지폐로 못 나누니까 다음은 1천 엔 지폐로 나누겠습니다. 남은 2만 엔을 1천 엔 지폐 20장으로 바꾸어 원래 있던 2장과 합쳐 22장의 천 엔 지폐를 3명에게 나눕니다. 22를 3으로 나누면 7 나머지 1이 됩니다.

즉, 1명당 7장(7천 엔)으로 1천 엔 지폐 1장이 남습니다. 돈은 가능한 한 공평하게 나누어야 하기 때문에 만부터 천, 천부터 100으로 내려온 것처럼 100엔부터 10엔, 10엔부터 1엔으로 각 자리에서 남은 돈을 아래 자리로 바꾸어 나누어갑니다. 그 결과 마지막 1의 자리까지 가면 1엔이 남습니다.

필산을 하지 않으면 이렇게 번거롭습니다. 그런데 필산을 하면 어떨까요?

```
      ①②③④⑤
      1 7 4 4 7
  3 ) 5 2 3 4 2
      3
      ─────
      2 2
      2 1
        ─────
        1 3
        1 2
          ─────
          1 4
          1 2
            ─────
            2 2
            2 1
              ───
              1
```

위와 같이 1명에게 나누어지는 돈은 ①부터 ⑤까지의 총합으로 구합니다. 답은 1명당 17447엔씩 나누어지고 1엔이 남습니다.

필산은 이러한 과정을 빠르고 실수 없이 하기 위해 매우 합리적인 방법으로 만들어졌습니다. 초등학교에서는 '이렇게 하는 거니까 외워서 계산하세요'라며 계산 훈련을 반복해 시키고 있지요. 그러나 실제로 나눗셈 과정이 어떤 원리인지 생각하면 쓸데없는 부분을 쳐 낸 계산법임을 알 수 있습니다.

불가사의하고 아름다운 소수의 세계

소수는 1과 자신 외의 약수를 가지지 않는 수로, 불가사의한 매력이 있습니다. 이런저런 사건을 파헤쳐보면 소수가 관계되었다거나 혹은 소수의 성질을 이용해 세상에 도움되는 물건을 만들었다는 등등의 이야기도 들립니다. 이렇듯 소수는 아직도 수수께끼에 가득 찬 재미있는 존재입니다. 그럼 알쏭달쏭한 소수의 세계로 들어가 볼까요?

✄ 소수가 연속으로 출현하지 않는 구간은 얼마든지 넓어진다

소수가 무한히 존재하는 일은 기원전 유클리드(Euclid, B.C. 330?~B.C. 275?) 시대부터 알려졌습니다(이에 대한 증명은 105쪽 참조).

그런데 무한히 존재하는 소수는 무한히 존재하는 자연수처럼 계속 늘어날까요? 자연수는 자릿수가 늘어나면 계속 더 큰 수가 생깁니다. 하지만 소수는 계속 더 큰 소수가 만들어지지 않아요. 현시점에서 인류가 알고 있는 소수는 유한합니다.

가장 큰 소수는 '$2^{82589933}-1$'(2486만 2048자리 수)로, 각 숫자의 폭을 $5mm$로 쓰면 $124km$나 됩니다.

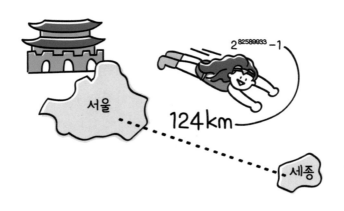

2 외의 소수는 당연히 홀수니까 이웃한 자연수끼리 소수인 수는 2와 3뿐입니다. 그 이상의 소수에서 (11, 13)처럼 이웃한 홀수가 소수인 경우를 '쌍둥이 소수'라 하는데, 쌍둥이 소수의 존재가 무한

한지 유한한지는 지금도 모릅니다. 단, 3개의 홀수가 연속된 소수는 (3, 5, 7)뿐입니다.

증명은 간단해서 연속한 3개의 홀수는 그중 어느 하나가 3의 배수입니다(3 외의 3의 배수는 소수가 아닙니다). 즉 3의 배수이면서 소수인 3을 포함한 (3, 5, 7)만이 조건을 만족시킵니다.

쌍둥이 소수처럼 이웃한 홀수가 소수인 경우도 있다면 90, 91, 92, 93, 94, 95, 96처럼 7개나 연속해서 소수가 출현하지 않는 구간도 있습니다. 이처럼 소수가 연속해서 출현하지 않는 구간 중 가장 넓은 구간은 얼마나 될까요? 소수는 무한히 존재하므로 언젠가는 나타날 테지요. 그러나 연속해서 소수가 출현하지 않는 구간은 얼마든지 넓어질 수 있습니다.

✖ 연속해서 소수가 출현하지 않는 구간은 얼마든지 넓어질 수 있음을 증명하라

예를 들면 2부터 101까지의 자연수를 모두 곱한 수를 N이라고 합니다.

$$N = 2 \times 3 \times 4 \times 5 \times 6 \times 7 \times \cdots\cdots \times 100 \times 101$$

N은 당연히 2의 배수이며 3의 배수이기도 하고 4의, 5의, 6의……101의 배수입니다.

어떤 α의 배수인 자연수에 α를 더한 수는 α의 배수입니다.

$$\alpha n + \alpha = \alpha(n+1)$$

이는 N+2는 2의 배수이고 N+3은 3의 배수, N+4는 4의 배수……N+101은 101의 배수라는 말이지요. 그렇다면 N+2, N+3, N+4, N+5……N+100, N+101이라는 연속 100개의 자연수는 모두 1이 아닌 무언가의 자연수의 배수이므로 소수는 아닙니다. 적어도 '+○'의 수의 약수를 각각 가지고 있기 때문입니다.

여기서 연속 100개의 자연수가 소수가 아닌 구간을 발견했습니다. 여기서는 2부터 곱해가는 수를 101에서 멈추었으므로 연속하는 자연수가 소수가 아닌 구간은 100뿐이었지만, 101에서 멈추지 않고 쭉 이어나가면 연속해서 소수가 출현하지 않는 구간 역시 계속 늘어날 수 있습니다.

'소수는 무한히 존재하는데도 소수가 연속해서 출현하지 않는 구간은 얼마든지 넓어질 수 있다.'

정말 이상하게 들리지요? 언뜻 보면 모순인 듯한 결론에 놀라겠지만 결코 모순이 아닙니다.

※ 소수가 무한히 존재한다는 명제의 증명

'소수가 무한히 존재한다'라는 명제의 부정은 '소수는 유한개다'입니다. 따라서 '소수가 유한개다'라는 명제가 부정되면 소수가 무한히 존재함을 증명할 수 있습니다.

소수가 유한개이고 가장 큰 소수를 P라고 합시다. 그리고 2부터 P까지의 모든 소수의 곱을 Q로 합니다. 즉,

$$Q = 2 \times 3 \times 5 \times 7 \times 11 \times 13 \times \cdots\cdots \times P$$

입니다.

$R = Q + 1$일 때, R을 2로 나누어도, 3으로 나누어도, 5로 나누어도, ……, P로 나누어도 1이 남습니다. R은 모든 소수로 나누어떨어

지지 않는 수이기 때문입니다. R은 소수라고 제한하지 않지만, 합성수로서 $R=S\times T$로 소인수분해가 되었다 해도 S도 T도 P보다 큰 소수라고 할 수 있습니다. 왜냐하면 2부터 P의 소수 중에 R을 나누어떨어지게 하는 수는 없으니까요.

이는 가장 큰 소수 P가 존재한다고 가정했다면 모순됩니다. 따라서 소수가 유한하고 가장 큰 소수가 존재한다는 가정은 잘못이므로, 소수는 무한히 존재한다고 할 수 있습니다.

이 내용으로 R을 소수라고 순간 착각하기 쉽지만 P 이하의 소인수를 가지지 않을 뿐으로 소수라고 제한하지 않습니다.

$2 \times 3 \times 5 + 1 = 31$ 소수

$2 \times 3 \times 5 \times 7 \times 11 \times 13 + 1 = 30031$(합성수$=59 \times 509$)

4장

문해력이
99%

국어사전이
수학 성적을 올린다

보통 무심코 쓰는 말의 본질이 무엇인지 누가 물으면 바로 답이 나오지 않거나 틀리게 답할 때가 있습니다. '시속'이나 '평균' 같은 말도 그렇습니다. 말의 의미나 성질을 제대로 알면 문제를 풀 때 바른 답과 더불어 간단한 해결법도 발견할 수 있답니다.

배웠던 방법보다 좋은 방법은 없을까

수학을 못하는 사람은 문제 푸는 법만 외우기 때문에 골똘히 생각하는 습관이 없습니다. 본질을 파악하려는 의식이 없는 것이 원인이지요. 예를 들면 소인수분해의 본질은 단지 어떤 자연수를 소수의 곱셈으로 분해하는 것으로, 본질이라고 호들갑 떨 일도 아닙니다.

대부분의 교사는 소인수분해 풀이를 나눗셈 필산 기호를 거꾸로 한 아래 그림 같은 기호를 그리고 작은 소수부터 순서대로 나누라고 가르칩니다.

$$
\begin{array}{r}
2\,)\,6\ 3\ 0 \\
3\,)\,3\ 1\ 5 \\
3\,)\,1\ 0\ 5 \\
5\,)\ \ \ 3\ 5 \\
\hline
7
\end{array}
$$

이 자체는 아무런 문제도 없습니다. 그런데 630을 소인수분해할 때 꼭 이렇게 해야 할까요? 저는 630을 작디작은 2나 3으로 나누는 사람을 보면 애가 탑니다. '칠·구·육십삼의 10배'라고 생각하면 7×9×10이라는 것을 금방 알 수 있습니다.

$630=2×3^2×5×7$은 세로 계산을 할 필요가 없겠지요. 이때 '본질을 파악해서 이해한다'를 모토로 삼는 사람이라도 이미 외운 구구단은 써도 괜찮아요. 구구단뿐 아니라 본질을 이해했다면 자주 써서 저절로 외워진 공식은 많이 써도 상관없습니다.

안이한 해법에 따르고 있지 않은가?

다음 문제를 보도록 합시다. 본질을 모른 채 기계적으로 문제만 풀었던 사람은 머리도 못 굴릴 뿐더러 손쓸 엄두도 못 내고 그 자리에서 답을 틀리지만, 본질을 아는 사람은 이리저리 생각해 암산으로 정답을 맞히는 문제입니다.

| 문제 |

A 지점에서 B 지점으로 갈 때는 시속 4km, 다시 A 지점으로 올 때는 시속 6km로 왕복했습니다. 이때 왕복 평균 속도는 시속 몇 km일까요?

먼저 문제 풀이만 외웠던 사람은 평균이라는 말과 2개의 숫자만으로 (4+6)÷2=5라고 답해버립니다. 그리고 그 답이 틀렸다는 걸 알게 되면 "'하지키'의 '지(시간)'와 '키(거리)' 두 가지를 모르니까 답이 안 나오잖아요"라고 말하겠지요.

한편 본질을 따지는 사람은 평균 속도란 원래 무엇인지 고민합니다. 수학 문제에서는 '차로 A 지점에서 B 지점까지 시속 $50km$로 달렸다'와 같은 조건이 주어지는데 현실에서 그런 일은 있을 리 없어요. 엔진을 켠 순간에 시속 $50km$가 되고 도착 직전까지 시속 $50km$라면 죽고 말아요.

　수학 문제에서는 편의상 계속 같은 속도로 달린다고 생각하자는 말이지요. 현실 세계에서 속도는 시시각각 변하는데 그럼에도 '어느 구간을 시속 50km로 달렸다'고 할 때의 시속 50km란 '평균 시속 50km'를 말합니다. 단, 여기서의 평균은 시험 점수 평균처럼 하나하나의 점수를 더한 후 더한 개수로 나누는 평균과는 달라요. 시시각각 변하는 속도에는 시험 점수 같은 '하나하나의 값'이 없습니다. 그러면 속도의 경우 평균은 어떻게 구할까요?

　여기서 속도란 도대체 무엇인지 알아봅시다. 속도란 '단위 시간당 나아간 거리'를 뜻하며 '1시간당'이나 '1분당' 나아간 거리의 평균치입니다. 즉 속도를 구하는 식인 (거리)÷(시간)이 평균 속도를 구하기 위한 식 그 자체입니다.

　이 식에서 (거리)를 A 지점에서 B 지점, (시간)을 이동하는 데 걸린 실제 시간으로 하면 A와 B 지점 사이 전체 이동의 평균 빠르기를 나타낼 수 있습니다.

차의 속도 미터기에 표시된 숫자도 (거리)는 타이어가 몇 바퀴 돌 동안, (시간)은 거기 걸리는 0. 몇 초만이어서 순간의 평균 속도를 나타냅니다(순간 속도란 엄밀히 말하면 시간을 한없이 0에 가까이 했을 때를 말합니다).

본질을 알면 유연하게 풀 수 있다

그러면 갈 때와 올 때의 시속이 각각 4km, 6km일 때 왕복 평균 시속은 어떻게 구하면 될까요? 이 문제는 AB 사이의 거리가 주어지지 않아서 그 거리를 $a(km)$로 놓고 다음처럼 하는 것이 정식 방법입니다.

$$왕복\ 각각에\ 걸린\ 시간 : a \div 4 = \frac{a}{4}, \quad a \div 6 = \frac{a}{6}$$

$$왕복\ 거리 : 2a$$

$$2a \div \left(\frac{a}{4} + \frac{a}{6}\right) = 2a \div \frac{5a}{12} = 2a \times \frac{12}{5a} = \frac{24}{5} = 4.8$$

이렇게 해서 왕복 평균 속도가 구해집니다. 그러나 본질을 아는 사람은 감각적으로 갈 때와 올 때가 같은 거리라면, 평균 시속은 거리와 관계없다는 사실을 알아챕니다. 일부러 문자를 설정하지 않고 시속 4km, 6km니까 계산하기 쉬운 12km라는 거리를 떠올려볼게

요. 그러면 갈 때 3시간, 올 때 2시간, 왕복 $24km$이므로

$$24 \div 5 = 4.8km/\text{시}$$

이와 같은 답은 금방 나옵니다.

수학머리가 단련되지 않은 사람은 예전에 배웠던 한 가지 풀이법으로 답을 구하며 안심합니다. 문제 자체의 특징을 알면 훨씬 쉬워지는데도 형식에서 벗어나길 두려워해 생각하려는 시도조차 하지 않는 거지요. 이는 모처럼 준비된 지름길을 가지 않고 아주 멀리 돌아서 가는 셈입니다.

멀리 돌아서라도 평소처럼 정해진 형식으로 해답에 이른다면 좋겠지만 수학 문제가 모두 형식대로 나오지는 않아요. 그럴 때 본질을 외면한 채 문제만 지겹게 푼 사람은 완전히 손을 들고 말지요.

한편 근본 원리를 이해한 후 좀 더 편한 방법이 없을지 항상 생각하는 사람은 어떨까요? 처음 보는 형식의 문제라서 배웠던 풀이법을 쓸 수 없을 때조차 스스로 정답을 구할 수 있게 된답니다.

평균이란 무엇일까?

사회에서 쓰이는 '평균'의 사고법

뉴스에 나오는 숫자의 수수께끼

앞서 문제에서 갈 때 시속 $4km$, 올 때 시속 $6km$일 때 왕복 평균 속도는 시속 $5km$가 아닌 $4.8km$라고 했습니다. 이 평균을 '조화평균'이라고 합니다. 조화평균이 쓰이는 예는 앞장에서 예로 든 '평균 속도'와 '전기회로에서 저항을 병렬로 연결한 경우', 이 두 가지가 유명합니다. 둘 다 실생활에서는 그다지 친숙하지 않군요.

보통 우리 주변에서 자주 쓰이는 평균은 '산술평균'으로 여러분도 알다시피 전부 더해서 개수로 나눈 값을 말합니다. 그리고 고등학교 수학에서는

$$\text{'산술·기하평균 부등식'} \left(\frac{a+b}{2} \geqq \sqrt{ab} \right)$$

라는 것이 등장합니다.

대다수가 산술·기하평균 부등식이 나온 문제의 풀이법만 공부했으니 산술·기하평균 부등식이 무엇인지 아는 사람은 거의 없습니다. 산술·기하평균 부등식이 도대체 무엇인지 알아보겠습니다.

종종 연도에 따른 수치 변화를 전하는 뉴스에서

어떤 것이 재작년부터 작년까지 10% 증가하고 작년에서 올해까지 30%

증가했을 때, 작년부터 올해는 재작년부터 작년보다 20%p 증가했다.

라는 표현을 합니다.

10%가 30%가 되었으므로 20% 증가한 것 같지만 20% 증가는 어떤 것이 1.2배로 되었을 때 씁니다. 10의 1.2배가 30은 아니지요. 또 10% 증가, 30% 증가를 본래 의미인 1.1, 1.3배라고 이해해도 1.1의 1.2배는 1.32이므로 20% 증가가 아닙니다.

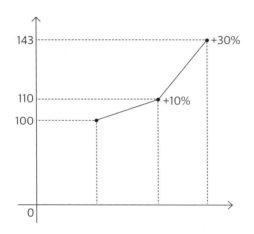

1.1이 1.3이 될 때는 1.3÷1.1=1.1818이므로 18.2% 증가입니다.

뉴스에서는 '많지는 않지만 소폭 늘었다'라는 사실을 전달하기 위해 숫자 18.2%보다는 차이를 뜻하는 20이 알기 쉬우므로 '퍼센트 포인트'라는 단위를 사용했습니다.

이자와 금리란 무엇일까

그럼 여기서 두 가지 문제를 내겠습니다.

| 문제 1 |

앞 절에 든 예제의 어떤 것은 재작년부터 올해에 걸쳐 1년 동안 평균 몇
% 증가했습니까(이제 [10%+30%]÷2=20%라는 계산은 하지 않겠지요)?

| 문제 2 |

지금은 제로 금리(단기 금리를 거의 0%에 가깝게 만드는 정책—옮긴이)의 시
대지만, 제가 초등학생일 때는 우체국에 10년 동안 저금하면 원래 저금
액의 2배가 된다고 했습니다. 그러면 이 무렵의 금리는 얼마였을까요?

이 두 문제는 바꾸어 말하면 아래와 같습니다.

문제 1 → 10% 증가와 30% 증가의 평균은 얼마인가?
문제 2 → 10년 동안 2배가 되는 저금의 금리(연리)는 얼마인가?

바로 기하평균을 구하는 문제들입니다.

10% 증가, 30% 증가는 처음에서 각각 1.1배, 1.3배가 되었으므
로 2년 동안 1.1×1.3=1.43배가 되었다는 말입니다. 여기에서 평균

을 20%(10%와 30%를 더해서 2로 나눈 숫자)라고 하면 1.2×1.2=1.44배가 됩니다. 2년이니까 1.43배와 1.44배는 아주 작은 차이지만, 10년 정기적금에서는 차이가 많이 나겠지요?

그런데 '2배가 된다'고 하면 몇 % 증가한 수치인지 바로 대답할 수 있나요? 이러한 사소한 말에서도 정의가 중요합니다. 하지만 정의를 잊었어도 구체적 예에서 법칙을 발견하는 귀납적 사고를 하면 해결할 수 있습니다.

1.1배, 1.3배가 10% 증가, 30% 증가를 가리킨다는 사실에서 '☆배에서 1을 빼서 10배 하면 된다'를 추측할 수 있습니다. 2배는 (2-1)×10=100으로 100% 증가가 됩니다. 즉 문제 2에서 '10년에 2배가 된다'는 말은 100% 증가했다는 뜻이지요.

10년에 100% 증가하므로 1년 평균 금리를

$$100\% \div 10 = 10\%$$

로 하면 어떻게 될까요?

1년에 10% 증가한다는 말은 1.1배가 된다는 말입니다. 그 말은 2년 후에는

$$1.1 \times 1.1 = 1.21 (= 1.1^2)$$

로 1.21배가 됩니다. 따라서 평균 10%로 올랐을 경우, 10년 후는 $1.1^{10} = 2.59$니까 10년에 2.5배나 되는 셈이죠. 하지만 이 결과는 2배와 떨어져 있습니다. 아무리 고도 경제 성장기의 금리라고 해도 맡기는 쪽은 유리하지만 빌리는 쪽은 불리하겠네요.

그러면 기하평균을 사용해봅시다. 이러한 경우에는 기하평균이 도움이 됩니다. 기하평균이란 'n개의 수를 모두 곱한 수의 n제곱근'을 말해요. 예를 들면 'a, b'라는 두 수의 기하평균을 구하는 경우는 2회 곱하므로 a와 b를 곱해 2제곱근을 구합니다.

$$\sqrt{1.1 \times 1.3} = 1.1958\cdots\cdots$$

1년에 평균 19.58% 증가했다고 하면

$$1.1958 \times 1.1958 = 1.4299$$

로 1.43(10% 증가와 30% 증가를 서로 곱한 수치)에 한없이 가까운, 바른 값이 됩니다.

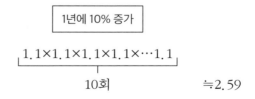

1년에 10% 증가

$1.1 \times 1.1 \times 1.1 \times 1.1 \times \cdots 1.1$

10회   ≒2.59

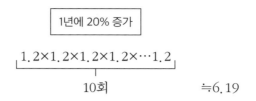

또 이때의 금리(혹은 연이율, 1년 동안의 저금에 대한 이자)는 어떻게 보면, 1년에 반드시 x배로 증가해 10년 후에는 원래 숫자의 2배가 되므로 x^{10}=2, 즉 $\sqrt[10]{2}$=1.07177…이니까 약 7%입니다. 실제로 전자계산기를 써서 1.07을 10회 곱하면 1.07^{10}=1.967로 약 2배가 됩니다.

이처럼 뉴스 등에서 무심코 쓰이는 말도 수학의 정의를 파악하지 않으면 제대로 알고 있다고 할 수 없지요.

배수란 무엇일까?

2의 배수, 3의 배수, 5의 배수 등
숫자의 성질을 알면 시야도 넓어진다

어떻게 빠르게 계산할까

| 문제 |

1242552698711234는 3으로 나누어떨어질까요?

여러분은 이 문제를 어떻게 풀 건가요?

① 정직하게 나눗셈을 한다.

② 1+2+4+2+5+5+2+6+9+8+7+1+1+2+3+4를 계산해서 3의 배수
인지 조사한다.

③ 빠른 방법이 없을까 고민해서 수초 만에 답을 구한다.

이 문제를 대하는 방법은 각자 다릅니다. 풀이법마저 기억나지
않는 사람은 어쩔 수 없이 ①, 풀이법만 기억하는 사람은 ②, 원리를
이해한 후 고민하는 사람은 ③을 이용합니다.

각 자리의 합이 3의 배수이면 그 수는 3의 배수다.

라는 사실은 대부분 사람이 알고 있습니다. 이러한 배수 판정법은
학교에서 배웁니다. 그러나 고등학생 이상 중에 이 증명을 할 수 있
는 사람의 비율은 터무니없이 낮습니다(제 직감으로는 5% 이하). 증명까

지 하고 원리를 파악해 궁리해서 한순간에 답을 구하는 사람은 더욱 적겠지요?

　3으로 나누어떨어지는 수는 '3×정수'로 나타낼 수 있는 수입니다. '3×정수+1'이라면 3으로 나누었을 때 나머지 1, '3×정수+2'라면 나머지 2입니다. 나머지는 나누는 수보다 작아야 하므로 3으로 나누는 경우의 나머지는 0, 1, 2 중 어느 하나입니다.

　3으로 나눌 때는 거의 실패하지 않을 거예요. 하지만 큰 수로 나누는 경우 필산할 때 몫을 대충 계산하다 나머지가 나누는 수보다 커져버리는 때가 있습니다.

　예를 들면 385÷15=24 나머지 25 같은 경우 이럴 때는 처음부터 다시 할 필요는 없습니다. 25-15=10이니까 나머지는 10으로, 몫은 24+1=25로 고치면 됩니다. 385개의 공을 15명에게 나누어준다고 생각해보세요. 공이 25개 남았다면 15명이니까 아직 뒤에 한 개씩 더 줄 수 있어요. 즉 1명이 받을 수 있는 개수(=몫)는 1 늘어나고 나머지는 15개 줄어들지요.

　식으로 정리해보겠습니다.

$$385=15\times24+25$$
$$=15\times(24+1)+25-15$$

$$
\begin{array}{r}
2\ 4 \\
15\overline{)3\ 8\ 5} \\
3\ 0 \\
\hline
8\ 5 \\
6\ 0 \\
\hline
2\ 5
\end{array}
\qquad\Rightarrow\qquad
\begin{array}{r}
+\ 1\ \to 25 \\
\cancel{2\ 4} \\
15\overline{)3\ 8\ 5} \\
3\ 0 \\
\hline
8\ 5 \\
6\ 0 \\
\hline
\cancel{2\ 5}\ \to 10 \\
-\ 1\ 5
\end{array}
$$

엄청나게 큰 수도 원리를 이해하면 한순간!

$3n+m$인 수는 3으로 나누어 나머지가 m이 되는 수로, 일단 m은 3 이상이어도 음수여도 상관없습니다. 나눗셈의 올바른 나머지인 0, 1, 2로 하고 싶다면 3을 차례로 가감해가면 됩니다.

앞의 문제를 ①번 방법으로 푼 사람은 시간과 힘은 들겠지만 3으로 나누어떨어지지 않는 경우 나머지가 얼마인지는 알 수 있습니다.

②번 방법으로 푼 사람은 시간과 힘은 ①번만큼 들지 않습니다. 그러나 만약 3으로 나누어떨어지지 않는다는 사실을 깨달았거나 3으로 나누어떨어지는 수를 찾는 방법밖에 기억나지 않을 때, 나머지가 얼마인지 모르므로 결국 ①번 방법을 쓸 수밖에 없습니다.

이러한 것들을 되짚으며 '3의 배수는 각 자리의 합이 3의 배수다'를 증명하는 동시에 문제를 빠른 시간에 풀어봅시다. 그에 더해 나누어떨어지지 않는 경우 나머지를 구하는 방법도 생각해보기로 하죠.

4자리 정수 $\overline{abcd}$는 $1000a+100b+10c+d$로 나타낼 수 있습니다. 이 수를 $3n+m$의 형태로 만들면 3으로 나눈 나머지가 m인 것을 알 수 있습니다. 또 m이 3 이상이면 차례대로 3을 빼서 마지막이 0, 1, 2 중 어느 하나가 될 때, 0이면 3으로 나누어떨어지고 1이나 2라면 그 수가 나머지입니다.

$$1000a+100b+10c+d=3(333a+33b+3c)+a+b+c+d$$

따라서 $a+b+c+d$가 $3n+m$의 m에 해당합니다. 그러므로 각 자리의 합이 3의 배수라면 그 수는 3의 배수가 됩니다. 이로써 '3의 배수는 각 자리의 합이 3의 배수다'를 증명할 수 있었습니다.

그리고 3의 배수가 아닐 때의 나머지는 $a+b+c+d$에서 0이나 1, 2가 될 때까지 차례대로 3을 빼가면 됩니다. 그런데 네 자리 정도면 같은 방법으로 하면 되지만 문제처럼 16자리나 되는 큰 수면 쉽지 않습니다.

그래서 $a+b+c+d$가 실제 숫자일 때는 어차피 마지막에 뺄셈을 해야 하니, $a+b+c+d$라는 각 자릿수의 덧셈은 하지 않고, 3 또는 3의 배수가 되도록 하는 조합을 차례차례 지워나가면 됩니다. 눈에 띄는 순서대로 지우면 되니 순서는 상관없습니다.

~~12~~ ~~42~~ ~~552~~ 6 9 ~~87~~ 1 ~~12~~ 3 4

그리고 남은 숫자만 더한 후 3을 빼면 되니까 1+4-3=2이므로 나머지는 2입니다.

조금만 머리를 쓰면 이렇게 간단해진답니다.

피타고라스의 정리

'$a^2+b^2+c^2$'을 쓴 여러 가지 문제

피타고라스의 정리는 간단히 증명할 수 있다

삼평방의 정리, 통칭 피타고라스의 정리는 $a^2 + b^2 = c^2$과 같이 매우 심플해서 공식 통암기파에게는 고마운 정리입니다. 증명 방법은 몇 십 가지나 있다고 하는데요. 가장 간단한 정리는 한 번이라도 좋으니까 스스로 손을 움직여서(이는 수학에서 가장 중요한 작업입니다) 증명해 보세요. 한 번 하면 결코 잊을 수 없습니다(아래 그림 참조).

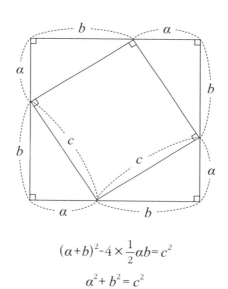

$$(a+b)^2 - 4 \times \frac{1}{2}ab = c^2$$

$$a^2 + b^2 = c^2$$

피타고라스의 정리를 사용해 실제 변의 길이를 구하는 경우는 자주 있습니다. 이때도 본질을 알고 궁리하는 사람과 공식이나 정리에 숫자만 대입해서 계산하는 사람에겐 커다란 차이가 있지요.

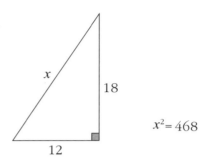

$$x^2 = 468$$

■ 그림 1

그림 1에서 X를 구할 때 공식 끼워맞추기파는

$$12^2 + 18^2 = 144 + 324 = 468$$
$$즉,\ x = \sqrt{468}$$

그리고 루트 안을 간단히 할 때조차 다음 그림처럼 자잘하게 계속 2로 나눕니다.

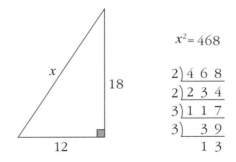

■ 그림 2

한편 본질을 파악한 사람은 루트 안을 간단히 하는 것은 그 숫자에서 제곱수를 묶어내는 작업이라는 사실을 떠올립니다. 따라서 제곱수인 9나 4로 나눌 수 있는지 가장 먼저 생각하지요.

그러면 각 자리의 합이 9의 배수인지 끝의 두 자리가 4의 배수인지 체크합니다. 이 경우는 모두 만족하므로 36으로 나누면 순식간에 끝납니다.

$$
\begin{array}{r}
1\ 3 \\
36\overline{)4\ 6\ 8} \\
3\ 6 \\
\hline
1\ 0\ 8 \\
1\ 0\ 8 \\
\hline
0
\end{array}
$$

각 자리의 합이 9의 배수이며 끝 두 자리가 4의 배수이므로 36으로 나누어떨어짐을 이미 알고 있다. 안심하고 나누기!

하지만 이렇게 풀 수 있는 사람은 닮음인 도형의 대응변의 비는 같다는 사실도 당연히 알기 마련이니 468 따위의 숫자도 필요 없습니다. 12와 18을 최대공약수인 6으로 나누면 그림 3처럼 직각을 낀 두 변이 2와 3인 삼각형이 되지요. 그러면

$$\sqrt{2^2+3^2}=\sqrt{13} \quad \therefore\ x=6\sqrt{13}$$

과 같이 거의 암산으로 풀 수 있습니다.

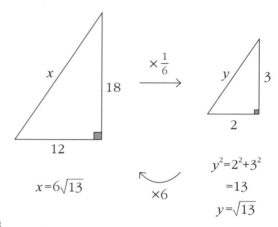

$x=6\sqrt{13}$ $\xleftarrow{\times 6}$ $y^2=2^2+3^2$
$=13$
$y=\sqrt{13}$

■ 그림 3

이것이 공식 통암기파와 본질파의 차이입니다. 그러면 그림 4
는 어떨까요?

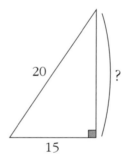

■ 그림 4

그림 1의 문제에서 축도를 생각하면 좋다는 걸 알았으므로 이
번에도 15와 20의 최대공약수인 5로 나누었나요? 나쁘진 않지만 여
기에서는

$$\sqrt{20^2-15^2}=\sqrt{(20+15)(20-15)}=\sqrt{35\times5}=5\sqrt{7}$$

과 같이 인수분해의 합차공식

$$a^2-b^2=(a+b)(a-b)$$

를 이용하는 쪽이 빠릅니다.

　이처럼 평소에 더 쉬운 방법이 없을지 고심하는 사람과 항상 공식에 숫자만 대입해 계산하는 사람은 어떤 문제를 대하든 차이가 날 수밖에 없습니다.

나무보다 숲을 봐야
수학 사고력이 쑥쑥

디테일의 힘

어딘가 이상함을 느낀다

— '단위'에서 비치는 빛

숫자의 나비효과

세상에는 다양한 단위가 있습니다. 무게나 길이를 나타낼 뿐 아니라 큰 숫자를 생략해 보기 쉽게 하기 위해서라도 단위는 매우 중요합니다. 단위를 잘 알면 도출된 숫자가 바른지, 단위끼리의 유기적 관계는 어떤지도 알 수 있지요. 그럼 다양한 단위의 세계로 들어가볼까요?

수학 공부는 실수를 줄여준다

부주의로 인한 실수는 누구나 합니다. 그러나 수학 문제를 풀 때의 실수는 실은 몇 번이나 알아챌 기회가 있습니다. 수학을 잘하는 사람은 기회를 놓치지 않고 실수를 고칠 수 있지만, 수학을 못하는 사람은 주어진 기회를 모두 놓쳐 수렁에 빠지고 맙니다.

그 차이는 본질을 아는지 그 여부에 있습니다. 본질을 알면 실수로 나온 숫자에 위화감을 느끼지요. 그러나 본질을 모르면 이상한 숫자가 나와도 단지 계산 결과로 여겨 실수라고 깨닫지 못합니다.

- 전철이 A 역에서 80km 떨어진 B 역까지 40분 걸려 도착했습니다.

  이 전철의 속도는?
- 원가 2천 엔의 물건에 20%의 이익을 예상하고 정가를 붙였습니다.

  이 물건의 정가는?

이러한 문제를 동그라미 속에 T자를 그리고 '하지키'나 '구모와'를 써서 대충 계산합니다. 그다음에 '시속 $2km$'나 '400엔' 등 사람이 걷는 것보다 느린 전철 속도나 가게가 당장 망할 듯한 금액을 태연하게 답이라고 하지요.

어? 나 지금 기차랑
똑같이 달리는 거야?

    수학은 사회에 나가면 아무런 쓸모가 없다고 주장하는 사람이 많습니다. 그러나 수학 공부로 '실수를 깨닫는 능력'을 길렀다면 지시받은 투약 양을 한 자리 틀려서 환자를 죽음에 이르게 한(실제로 이런 불행한 죽음에 이르는 경우는 많습니다) 비극을 막을 수 있었을 거예요.

    본질을 파악한 사람은 $80km$를 40분 걸려 갔을 때의 속도를 어떻게 구할까요? 먼저 머릿속에 시계 문자반이 3등분된 상태를 떠올리고 40분은 그 2개분, 따라서 $80km$를 달렸으니 1개분은 $40km$, 3개분(1시간)이면 '40×3=120km/시간'이라고 순식간에 답을 구합니다.

    '하지키'를 써서 정답을 구하는 사람도 얼마쯤 있겠지만(말 그대로 '얼마쯤'입니다. '하지키'를 이런 문제에서도 쓰려는 사람은 단위가 다른 속도 문제는 거의 못 풉니다) 대부분 번거로운 이런 식을 세우겠지요.

$$80 \div \frac{40}{60} = 80 \times \frac{60}{40} = 120$$

왜 굳이 연상하기도 어려운 분수의 나눗셈 따위를 하려는지 모르겠네요. 머릿속에 떠올리기 어려우면 실수로 이어지기 쉽습니다. 그럼 이런 문제는 어떨까요?

| 문제 |

어느 가격으로 매입한 상품에 4할의 이익을 예상하고 정가를 매겼지만 팔리지 않았습니다. 그래서 정가의 25%를 할인해서 팔았더니 800엔의 이익이 남았습니다. 매입가는 얼마일까요?

이 문제는 중학교 1학년 때 배우는 방정식 문장제 기본으로, 식 만들기 자체는 어렵지 않습니다. 그러나 안타깝게도 이런 문제에도 '구모와' 그림을 그리려는 학생은 식 세우기조차 어렵겠지요.

4할 = 0.4배
그러면 무엇이 무엇의 0.4배?
이익이 매입가의 0.4배

다음으로

25% 할인=75% 지불=0.75배 지불

그러면 무엇이 무엇의 0.75배?

지불액(가게 입장에서는 매상)이 정가의 0.75배

이와 같이 비율은 '무엇이 무엇의 몇 배'라는 관계를 생각하는 일이 중요합니다. '무엇이 무엇의 몇 배'인지 따진 후 보통 곱셈으로 계산합니다. 매입가를 x원이라고 하면

$$이익=0.4x$$

$$정가=x+0.4x=1.4x$$

$$25\%\left(=\frac{1}{4}\right)할인 \leftrightarrow 75\%\left(=\frac{3}{4}\right) 내면 된다$$

$$1.4x\times\frac{3}{4}-x=800$$

$$\frac{14}{10}x\times\frac{3}{4}-x=800$$

$$\frac{21}{20}x-x=800$$

$$\frac{1}{20}x=800$$

$$x=16000$$

처럼 분수로 계산하면 자릿수를 틀릴 가능성은 낮아지지만

$$1.4x\times0.75-x=800$$

$$0.05x = 800$$

$$x = 800 \div 0.05$$

처럼 소수로 계산하면 필산할 때 소수점 위치를 틀릴 가능성이 높아집니다. 그렇다고 소수로 계산하면 꼭 잘 틀린다는 말은 아닙니다. 숫자에 따라 분수보다 소수가 계산하기 편한 경우도 있지요.

어떻게 계산할지 빠르게 판단하는 능력도 수학머리의 특징입니다. 풀이법만 외우고 머리를 쓸 마음이 없는 사람은 항상 분수 혹은 항상 소수로 하는 등 유연하게 대처하지 못합니다.

눈앞의 과제를 '상황에 따라', '최적으로', '실수할 가능성이 적은 방법으로' 해결하는 능력이야말로 세상 모든 일에서 가장 중요하지 않을까요? 아무튼 이 문제를 소수로 계산했더니(물론 실수하지 않으면 아무 문제도 없어요) $x=1600$이 나왔다고 할게요.

이 상품이 펜이나 사과 같은 특정한 물건일 때 1600엔이라는 가격이 상식적으로 너무 비싸거나 싸다면 실수를 알아챌 기회가 있습니다. 그런데 문제에서는 그저 상품('매입한 것', '수입품' 등)이라고 했으니 싼지 비싼지 도무지 알기 힘들어요. 이럴 때 실수를 못 알아채고 해답란에 1600엔이라고 쓰는 사람이 많습니다. 하지만 이 문제에서 실수를 알아챌 기회는 있습니다. 다시 한 번 계산하지 않아도요.

4할의 이익, 그건 반보다 조금 아래라는 말이다. 1600엔이면 반은 800

엔(일일이 1600×0.4 등을 계산하지 않는 게 중요). 그럼 이 시점에서 이미

이상하다. 여기서 더 할인해서 800엔의 이익이 나올 리가 없다.

와 같이 검산도 계산하기 쉬운 어림셈으로 하는 사람이 수학머리로 생각한다고 할 수 있습니다. 반대로 이런 이상한 수치를 전혀 눈치채지 못하는 사람이라면…… 유감이지만 일에서도 실수를 연발해 신뢰를 잃어버릴 가능성이 큽니다.

1m란 무엇일까?

1m는 어떻게 정했을까? 인간 생활과 밀접한 수학 이야기

1m의 정의는 지구에서 유래

여러분, 1m의 정의를 알고 있나요? 현재 1m는 '빛이 진공 속을 2,9979,2458분의 1초간 나아간 거리'로 정의합니다. (네 번째 자리에 콤마를 찍는 이유는 곧 알게 됩니다.)

원래 1m의 정의는 각국에 나누어진 미터원기라는 금속 봉을 기준으로 했는데, 금속이다 보니 온도에 의한 오차가 발생한다는 문제가 있었습니다. 앞서 말한 정의는 기술이 발달한 현대에 가능한 한 오차를 없애기 위해 나중에 정해진 것입니다.

그럼 1m는 가장 처음에 어떻게 정해졌을까요? 세계 각 지역의 길이 단위는 대개 신체 일부 크기를 기준으로 정해졌습니다. 그런데 무역이 발달하자 세계의 도량형(길이, 부피, 무게) 단위가 나라마다 모두 달라 불편해졌지요. 그래서 인류 공통의 재산인 지구를 기준으로 미터법을 제정했습니다. 이 미터법에서는 '북극점에서 적도까지 거리의 1000만분의 1을 1m'로 정의했습니다. 그렇게 약속한 것이지요.

이 정의를 알면 북극에서 적도까지 거리는 지구 둘레의 4분의 1이므로

$$\text{지구 1바퀴의 거리} = 4000만\ m = 4만\ km$$

라는 걸 바로 알 수 있고, 빛이 1초 동안 지구를 7바퀴 반 돈다는 지식이 있으면 다음 계산으로

$$4만\ km \times 7.5 = 30만\ km$$

빛의 속도를 초속 30만 *km*라고 구할 수 있습니다. 게다가 달까지 빛의 속도로 약 1.3초, 태양까지 약 8분 20초(=500초)라는 사실을 안다면

$$달까지의\ 거리 = 30만\ km \times 1.3 = 약\ 39만\ km$$
$$태양까지의\ 거리 = 1천문단위 = 30만\ km \times 500 = 1억\ 5000만\ km$$

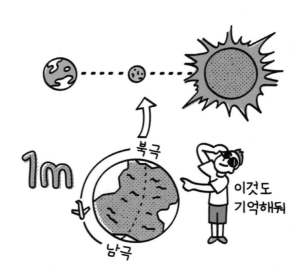

까지 알 수 있습니다. (천문단위: 태양계 내 천체의 거리를 나타내는 단위로 태양과 지구 사이의 거리인 약 1억 4960만 km를 1천문단위[AU]로 한다.—옮긴이)

이처럼 정의 하나에 조금만 상식을 더하면 지식의 가지가 사방으로 뻗어간답니다. 여러 지식을 연결 짓는 습관을 들이면 단순히 한 가지만 외웠을 때보다 훨씬 더 잘 기억할 수 있습니다.

지구의 크기는 어떻게 측정했을까?

미터법은 첫 인공위성이 우주로 날아가기 전 아득한 때 생겨났습니다. 그 시절 사람들은 어떻게 지구의 크기를 측정했을까요?

이럴 때 여러분들은 '지구 크기 측정'이라는 키워드로 인터넷에 검색을 하겠지요? 그 결과 맨 위에 표시된 것은 에라토스테네스(Eratosthenes, B.C. 273?~B.C. 192?)일 거예요. 이렇게 지식은 서로서로 연관된답니다. 하지만 인터넷이 아무리 편하다 해도 무언가를 알고 싶은 계기나 욕구가 없으면 보물을 가지고도 썩이는 격이지요.

에라토스테네스는 기원전 사람입니다. 기원전에는 지구가 둥글다는 사실을 모르는 사람이 더 많았습니다. 그런 시대에 지구가 둥글다는 것을 알아낸 데다 둘레까지 거의 정확하게 쟀다니 놀랍기만 합니다.

그 시절에도 지구가 둥글다는 사실을 아는 사람은 조금 있었어요. 에라토스테네스는 시에네라는 고대 그리스 도시에서 태양이 자기 머리 위에 오는 것을 확인했습니다. 그러나 거기서 5000스타디아(1스타디아=약 184m) 떨어진 알렉산드리아라는 도시에서는 머리 위보다 약간 기울어 있었어요(7.2도). 그 사실을 근거로

$$5000 \times (360 \div 7.2) \times 184 = 4만 \, 6000km$$

로 계산했습니다. 실제는 4만 km이지만, 2200년 전에 이렇게 정확한 수치를 구했다는 건 굉장한 일이지요.

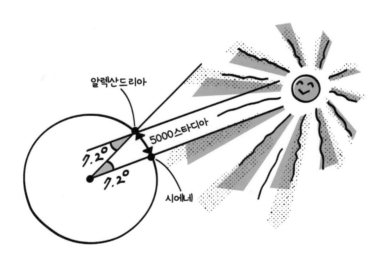

■ 에라토스테네스의 지구 측정법

1m³란 무엇일까?

1m의 정의에서 1㎡, 1㎢, 1ha까지 연결하다

단위는 보기 쉽게 하기 위해 생겼다

처음 학원 강사 일을 할 때 내가 가르쳤던 중학교 1학년생 모두가 '1ℓ는 몇 cm^3인가?'라는 문제를 틀렸던 일에 적지 않은 충격을 받았습니다. 이뿐 아니라 $1m^2$가 몇 cm^2인지 묻는 간단한 질문은 학생뿐 아니라 어른도 제법 틀리지요. (이에 대한 답은 각각 1000cm^3와 10000cm^2입니다.―옮긴이)

이들은 모두 넓이와 부피의 정의를 이해하면 그 자리에서 풀 수 있는 문제입니다. 넓이는 한 변의 길이가 ○○인 정사각형을, 부피는 한 변의 길이가 ○○인 정육면체를 기준으로 정해졌다는 사실만 알면 끝입니다. 그 정의들은 매우 자연스러워서 결코 신기하거나 어렵지 않아요.

한 변의 길이가 $1cm$인 정사각형의 넓이를 $1cm^2$
한 변의 길이가 $1m$인 정사각형의 넓이를 $1m^2$
한 변의 길이가 $1km$인 정사각형의 넓이를 $1km^2$

라고 극히 자연스럽게 정의합니다.

그러면 앞에 나온 각각의 단위 환산은 쉽게 이해할 수 있겠지요. 사람이 한눈에 바로 인식할 수 있는 수는 겨우 네 자리 정도라 그 이상이 되면 '일, 십, 백, 천'이라고 무심코 세어버립니다. 따라서 숫자가 커지면 큰 단위를 써서 자릿수를 줄입니다. 대표적인 예가 별까지의 거리를 나타낼 때 쓰는 '광년(光年, 1광년은 빛이 1년 걸려 나아간 거리)'이에요.

지구에서 가장 가까운 항성(태양 제외) 프록시마 센타우리까지의 거리는 약 41000000000000(41조)km인데 이 숫자를 한눈에 셀 수 있을까요? 어려울 거예요. 그러나 4.3광년으로 환산하면 보기 쉬워지지요.

넓이의 단위 $1m^2$(작은 테이블의 넓이)와 $1km^2$(바티칸 시국의 면적인 $0.44km^2$보다 2배 이상 넓다)는 차이가 너무 커서 중간 단위가 없으면 보기 어려울 때가 있습니다. 예를 들면 $80000\,m^2$=$0.08\,km^2$인데 $80000m^2$라고 하면 자릿수가 너무 많고 $0.08\,km^2$는 소수가 되어버리지요.

그래서 중간 단위를 만들었는데 이때에도 가능한 한 자연스럽게 정의합니다. 한 변의 길이가 각각 $1m$, $1km$(=1000m)인 정사각형의 중간에 단위를 두 개 만든다면 한 변의 길이가 1, 10, 100, 1000으로 해야 자연스럽겠죠. 그쪽이 훨씬 알기 쉬울 테니까요.

그리하여(정말인지는 모르지만) 생긴 단위가 $1a$(아르), $1ha$(헥타르)입니다. 여기까지 이해했다면

$$1km^2=1000\times1000=1000000m^2$$

$$1ha=100\times100=10000m^2$$

$$1a=10\times10=100㎡$$

로 $1km^2$와 $1m^2$ 사이에 있는 편리한 단위로서 'ɑ', 'hɑ'가 무엇인지 기억하기 쉽지 않나요?(hɑ의 h는 헥트라고 읽고, 100배라는 의미)

부피도 마찬가지입니다. $1cm^3$(엄지손가락의 끝 정도)와 $1m^3$(작은 가정용 욕조 정도)는 너무 큰 차이가 나기 때문에 중간 단위가 필요합니다. 한 변의 길이가 $1cm$인 정육면체와 한 변의 길이가 $1m$(=100cm)인 정육면체의 중간 단위를 만든다면 한 변의 길이는 $10cm$가 좋겠지요. 그것이 1ℓ입니다. 따라서

$$1\ell = 10 \times 10 \times 10 = 1000cm^3$$

도 정의가 생긴 과정을 이해하면 쉽게 생각할 수 있어요. 이처럼 정의를 잘 알아두면 머릿속에 더욱 확실하게 남아 실제 문제를 풀 때도 실수가 적어집니다.

유역면적이란 무엇인가

다음 표를 보세요. 세계와 일본의 가장 긴 강 베스트 3과 각각의 유역면적입니다.

	세계	길이	유역면적
1	나일강	6695km	287,0000km^2
2	아마존강	6516km	700,0000km^2
3	양쯔강	6380km	180,8000km^2

	일본	길이	유역면적
1	시나노강	367km	1,1900km^2
2	도네강	322km	1,6840km^2
3	아시카리강	268km	1,4330km^2

(*네 자리째에 콤마를 찍는 이유는 곧 나옵니다.)

수학에서 도형의 넓이를 구할 때는

직사각형의 넓이=가로×세로

사다리꼴의 넓이=(윗변+아랫변)×높이÷2

원의 넓이=반지름×반지름×원주율

과 같이 반드시 (길이)×(길이)의 곱셈이 한 번 있습니다.

위의 넓이 공식에서도 알 수 있듯이 사다리꼴이면 양변에 2를 곱하고, 원이면 양변을 원주율로 나누었을 때, 만일 단위가 km라면 $(\square km)\times(\square km)=(\square km^2)$라는 식이 됩니다.

따라서 모든 도형은 결국 $(\square km^2)\div(\square km)$를 계산하면 어떤 길이가 나올 거예요. 강은 수학 문제에 나올 만한 도형은 아니지만 나

• 세계

1	나일강	287,0000km²÷6695km=428.7
2	아마존강	700,0000km²÷6516km=1074.3
3	양쯔강	180,8000km²÷6380km=283.4

• 일본

1	나일강	1,1900km²÷367km=32.42
2	도네강	1,6840km²÷322km=52.3
3	아시카리강	1,4330km²÷268km=53.4

눗셈을 해서 나온 숫자가 무언가의 길이임을 짐작할 수 있겠지요.

처음에 이 나눗셈을 했을 때 순간 제가 유역면적에 대해 터무니없는 착각을 했다는 사실을 깨달았습니다. 저뿐만 아니라 지금까지 강의 유역면적에 대해 물어본 대부분의 사람 또한 같은 착각을 하고 있었어요.

무슨 말이냐면 유역면적을 강물이 흐르는 부분의 넓이라고 생각했던 거예요. 아마존강 다큐멘터리에서 바다 같은 수면의 수평선 너머 잠기는 태양이 비치며 "유역면적은 세계 최대, 건너편이 보이지 않습니다" 등의 해설을 들으면 그렇게 착각해도 무리는 아니겠지요.

육지에 내린 비는 언젠가 강에 도달합니다. 어느 하천에서 강수가 모이는(흘러드는) 범위를 유역이라 하고 그 면적을 유역면적이라고 합니다.

생각해보면 '도네강 유역에 퍼진 간토 평야' 같은 표현을 들은 적이 있어요. 간토 평야라는 육지가 도네강 '유역'에 있다는 뜻이지요. 이러한 표현을 주의 깊게 들으면 유역면적이 강의 면적이 아니란 사실은 명백합니다.

역시 무엇이든 말의 정의를 제대로 파악하는 일이 이렇게 중요합니다.

큰 숫자의 콤마는 어디에 찍나?

$$9,123,456,789,012$$

여러분은 이 숫자가 얼마인지 한눈에 읽을 수 있나요? 저는 못 읽겠네요. 세 자리마다 있는 콤마가 방해되어 결국 아랫자리부터 '일, 십, 백, 천……' 하며 셉니다. 그런데 위와 같은 숫자에 네 자리마다 콤마를 찍으면 어떻게 될까요? 9,1234,5678,9012가 되어, 9조 1234억 5678만 9012로 읽기 쉬워집니다.

그럼 왜 세 자리마다 콤마를 찍을까요? 물론 답을 알고 있겠지요. 위에 나온 숫자를 영어로 적어보겠습니다.

9trillion 123billion 456million 789thousand 012

이렇듯 숫자의 자릿수는 영어로는 세 자리마다, 한자어로는 네 자리마다 맞춰져 있습니다. 그러니까 숫자는 한자로 읽는데 콤마만 영어식으로 찍고 있는 것이지요. 콤마를 표기하는 의미를 생각하면, 은행 서류처럼 정해진 틀에 맞춰야 되는 경우 외에는 당당히 네 자리마다 콤마를 찍으면 됩니다.

예전에 1만 엔 영수증을 발행할 때 '¥1,0000'이라고 썼더니 받는 사람이 "점의 위치가 틀렸어요"라고 하더군요. '당신이 잘 모르는 거야!'라는 말은 마음속으로만 외치고 입으로는 고분고분 죄송하다고 했습니다.

문제 푸는 법만 공부하지 말고 왜 그렇게 되는지 곰곰이 생각해 봅시다. 왜 그런지 생각하면 원리를 알 수 있습니다. 원리를 알면 문제를 다각도로 볼 수 있고 실수도 줄어듭니다.

큰 그림을
보자

본질이 같다면 응용할 수 있다

– 수학과 요리의 공통점

하나를 알면 열이 보인다

문제의 해답을 보면 이해한 것 같은데 스스로 풀려고 할 때 풀 수 없다면?

이런 경우는 자주 있습니다. 바로 문제를 전체로 파악하지 못했기 때문이에

요. 혹시 수학 공부를 레시피를 옆에 놓고 일일이 보면서 하는 요리처럼 하

지는 않나요? 무슨 일이든지 대략적인 흐름을 이해한 후 접근해야 합니다.

사물을 한눈에 보다

아무리 수학을 잘한다고 해도 처음 배우는 정리나 공식을 본 순간 바로 이해하기는 어렵습니다. 예제나 연습문제도 한 번 봐서는 풀 수 없을 때가 더 많고요. 그럴 때는 누구나 차분히 해설을 읽습니다. 그러나 해설을 읽고 나서 문제를 풀 수 있느냐 마느냐는 '수학에 점점 자신감이 붙는 사람'과 '여전히 못하는 사람'처럼 완전히 다르지요.

자신감이 붙는 사람은 해설을 읽고 이해하는 단계에서 문제의 본질이 무엇인지 생각하고 거시적으로 파악하려고 합니다. 그리고 큰 줄기를 이해했다면 처음부터 끝까지 해설을 보지 않고 끝까지 풉니다.

물론 이해한 것 같아도 푸는 도중에 다시 헷갈려지기도 합니다. 하지만 해설을 보며 전체를 조감했기 때문에 곰곰 생각하면 충분히 해결할 수 있어요. 어쨌든 중간에 해설을 보지 않고 끝까지 풀어내는 게 중요합니다. 막혔을 때 멈추지 않고 생각에 생각을 거듭했던 경험이 피와 살이 되어 수학머리로 단련됩니다.

한편 계속 수학을 못하는 채 남아 있는 사람. 여기에는 두 가지 타입이 있습니다.

첫 번째 타입은 해설만 이해하고 끝내는 사람. '읽거나 들어서 이해한다'와 '스스로 할 수 있다'에 커다란 차이가 있다는 사실은 악기 연주나 운동을 하는 사람이라면 누구나 알고 있겠지요. 안 것을 할 수 있게 되려면 반복해서 연습해야 하는데 공부만은 왠지 '안다= 할 수 있다'고 착각하곤 합니다. 읽거나 들어서 알았을 뿐인 상태가 지속될수록 스스로 할 수 있는 가능성은 거의 0%가 됩니다.

두 번째 타입은 해설을 보고 스스로 풀어보지만 헷갈려지면 바로 해설을 다시 들추는 사람. 해설을 읽고 나서 스스로 푸는 점에서는 첫 번째 타입보다 훨씬 낫지만, 중간에 헷갈릴 때마다 해설을 다시 본다면 좀처럼 수학의 힘이 생기지 않습니다.

저는 요리를 잘하는데 처음 만드는 요리는 당연히 레시피를 봅니다. 단, 요리를 못하는 사람과는 관점이 좀 다릅니다. 저는 요리하기 전에 레시피를 쓱 훑어보고 전체 흐름을 파악합니다. 그리고 일단 요리를 시작하면 절대로 레시피를 보지 않습니다.

한편 요리를 못하는 사람은 레시피를 옆에 두고 일일이 확인하며 요리를 합니다. 그러면 언제까지나 그 요리의 본질을 이해하지 못해 레시피를 손에서 놓지 못하고 창의적인 시도도 못하지요.

요리란 원래 대강의 본질은 같습니다. 구체적인 요리법만 조금씩 다를 뿐이에요. 그러니까 그 요리의 특징만 처음에 이해하고 나머지 부분의 흐름은 요리의 본질대로 나아가면 그만입니다.

수학 문제 풀이도 하나하나 순서를 확인하며 하는 요리처럼 한다면 같은 결과가 나옵니다. 식 변형 때마다 해설을 본다면 아무리 시간이 지나도 스스로 풀 수 없게 됩니다.

1년이란 무엇인가?

윤년과 우주와 수학 이야기

1년은 지구의 움직임으로 정해진다

1년이 무엇인지 물어보면 제대로 대답할 수 있나요? 여기서도 정의가 중요해요. 정의를 제대로 이해하면 많은 것들을 알 수 있거든요. 1년이란 '지구가 태양 주위를 한 바퀴 도는(공전) 데 걸리는 시간'입니다.

1년은 365일과 6시간 정도로, 정확히는 365.2422일. 즉 365일 5시간 48분 46.08초입니다. 물론 1일은 지구가 자전하여 1회전하는 데 걸리는 시간입니다. 그리고 현재 쓰이는 태양력인 그레고리력(1582년에 로마 교황 그레고리우스 13세가 기존의 율리우스력을 수정해 만든 태양력이다.—옮긴이)은 365.2422일과 365일의 차이를 보정하기 위해 서력 연수가 4의 배수인 해를 '윤년'으로 정했습니다.

윤년은 1년이 366일이어서 2월이 29일까지 있습니다. 윤년 사이의 3년은 '평년'이라고 하고 1년을 365일로 합니다. 그 이유는 다음과 같은 계산을 하면 명확해집니다.

$$365.2422 - 365 = 0.2422(일)$$

즉 지구는 365일로는 태양 주위를 한 바퀴 돌 수 없고 정확히 한 바퀴 돌 때까지 약 $\frac{1}{4}$일 더 필요하다는 뜻입니다. 4년 동안

$$0.2422 \times 4 = 0.9688(일)$$

이므로 기준이 되는 기점에 돌아가기까지 약 1일 더 필요하게 됩니다. 그래서 4년마다 1일을 늘립니다. 하지만 그래서는

$$1 - 0.9688 = 0.0312(일)$$

만큼 넘치게 됩니다. 넘치는 날이 25번 쌓이면

$$0.0312 \times 25 = 0.78(일)$$

이 되어 차이(기점을 너무 많이 지나간 것)가 1일에 가까워집니다. 원래는 조금 더 기다려 차이가 1일에 가까워질 때 보정하는 게 좋을지 모릅니다. 그러나 4×25=100으로 하면 더 깔끔하니까 이렇게 하고 있어요.

그러면 서력 연수가 100의 배수인 해는 4의 배수인 해이기도 해서 그 해는 366일인 윤년이라고 하지 않고 평년으로 합니다. 즉, 1700년, 1800년, 1900년 등은 평년이었습니다.

| 수학과 상관없는 퀴즈 |

2020년까지 평년에 열렸던 유일한 하계 올림픽 대회는 언제였을까요?

맞아요. 답은 당연히 1900년 파리 올림픽입니다(덧붙여 가장 처음에 개최된 올림픽은 1896년 아테네 올림픽입니다).

윤년	1896년	아테네 올림픽
평년	1900년	파리 올림픽
윤년	1904년	세인트루이스 올림픽
윤년	1908년	런던 올림픽

400년에 1번! 윤년 올림픽

그러나 아직 문제가 남아 있습니다. 100년에 한 번 윤년이 아니면 0.78일 넘칠 뿐인데 1일이 빠집니다. 100년에

$$1 - 0.78 = 0.22일$$

되돌려지므로 그것이 4회, 즉 400년에 0.22×4=0.88로 약 1일 넘칩니다. 그러므로 400년에 한 번은 원래대로 윤년으로 합니다. 2000년 시드니 올림픽이 윤년이었던 이유입니다.

좀 복잡해졌지만 정리하면

4년에 한 번 4의 배수인 해는 윤년이 원칙

100의 배수는 4의 배수이지만 윤년으로 하지 않는다.

400의 배수는 100의 배수이지만 윤년으로 한다.

이렇게 됩니다. 하지만 이걸로 끝이 아니란 건 1≠0.88이므로 바로 알 수 있겠지요. 이 차이가 몇 년에 약 1일분이 되냐 하면

$$1 \div (1 - 0.88) = 8.33\cdots\cdots$$

입니다. 그럼 단위는 무엇일까요? 8.33년이 아니라 8.33주기이고 이 경우의 1주기는 400년입니다. 따라서 3200년에 다시 1일을 조정해야 합니다. 그에 대한 규정은 아직 안 정해진 듯해요.

요즘 학생들은 모를 수도 있지만 예전에 '2000년 문제'라는 것이 있었습니다. 일반적으로 컴퓨터 날짜는 서력 끝 두 자리로 입력하는데 끝 두 자리가 00이 되는 2000년을 컴퓨터가 1900년으로 잘못 인식해 시스템이 대혼란에 빠지지 않을까 염려되었던 일입니다.

이 2000년 문제는 끝 두 자리만 주목되었지만 실은 앞서 말했듯이 2000년이 400년에 1번인 드문 해라는 일이 오작동의 원인일 수 있다고도 여겨졌습니다. 그렇다면 다음엔 3200년 문제가 일어날지도 모르겠네요. 우리는 훨씬 전에 세상을 떠났겠지만 인류가 그때까지 번영해 3200년 문제를 잘 해결하기를 바라마지 않습니다.

'360'의 편리함

1년의 길이와 더 밀접하게 관련된 수학 개념은 각도입니다.

옛날에는 앞서 말한 365일 5시간 48분 46.08초라는 세밀하고 정확한 수치를 알지 못했습니다. 대부분의 문명에서는 기본적으로 우리와 가까운 달이 차고 이지러지는 주기인 약 30일을 1개월로 해 1년은 12개월, 360일(태음력)로 하고 차이 나는 만큼은 윤달로 조정합니다(이슬람교에서는 조정하지 않은 순수한 태음력을 쓰므로 이슬람력 9월의 라마단은 서양 국가에서 보면 매년 시기가 다릅니다).

그렇습니다. 이 태음력 1년 360일의 360은 각도 1회전의 숫자로 선택되었습니다. 그러면 지구는 태양 주위를 하루에 1도씩 움직인다고 쉽게 알 수 있으니까요. 360이 더 유용한 까닭은 $360 = 2^3 \times 3^2$

×5이므로 약수가 (3+1)(2+1)(1+1)=24개로 많습니다.

덕분에 정삼각형, 정사각형, 정오각형, 정육각형의 내각의 크기 모두 깔끔한 정수로 나타낼 수 있습니다.

여기서 깨달을지 모르겠는데 각도 1회전의 숫자가 월령을 바탕으로 정해졌다면 거기에 수학적 근거는 전혀 없습니다(원래 월령도 정확히 30일은 아닙니다).

그래도 단순히 각도의 뾰족한 정도를 나타내는 지표로 쓰이는 분(分)은 360도의 육십분법을 사용해도 불편하지 않을 뿐 아니라 주요 각도를 정수로 나타낼 수 있으므로 효과가 좋습니다.

그러나 $\sin x$나 $\cos x$를 미분할 때 360도의 육십분법으로는 결과가 깔끔하지 않습니다.

저는 무엇이든 이유를 제대로 설명하지 않으면 만족하지 못하는 성미예요. '왜 $\sin x$나 $\cos x$를 호도법으로 미분하면 깔끔한가'를 설명하자면, 저의 책『중학교 수학 실력이면 보이는 오일러의 공식』의 수 페이지를 그대로 복사하는 꼴이 되므로 그 책을 참조하거나 인터넷에서 조사하기 바랍니다.

여기서는 아쉽지만 결과만 공개합니다.

육십분법으로 한 $\sin x$, $\cos x$의 미분

$$(sin\,x)' = \frac{\pi}{180}\,cos\,x$$

$$(cos\,x)' = -\frac{\pi}{180}\,sin\,x$$

호도법으로 한 sin x, cos x의 미분

$$(sin\,x)' = cos\,x$$

$$(cos\,x)' = -sin\,x$$

이러한 이유로 호도법을 쓰는 것입니다.

수학 Ⅲ을 선택하지 않은 문과 학생은 삼각함수의 미분을 배우지 않으므로 이유도 모른 채 뜬금없이 선생님에게 '오늘부터 각도는 180°=π(라디안)'이라고 외우라는 말을 듣습니다. 지금까지 정수로 표시했던 수치를 일일이 분수로 변환하다가 결국 각도 자체도 떠올리기 어려워져 삼각함수가 싫어지지요.

각도의 정의와 호도법을 쓰는 이유를 확실히 알면 삼각함수를 미분, 적분하지 않는 한 무리하게 호도법이 아닌 익숙한 육십분법을 쓰면 된다는 것을 알 수 있습니다. 아무리 완전한 수학머리가 되었다 해도 사고방식 자체를 π로 바꾸라고는 할 수 없지 않겠어요?

이처럼 정의를 중요하게 여기면 시야가 더욱 넓어진답니다.

수학 노트 정리법

수학머리는 노트 정리법도 다르다

어려운 문제일수록 중요한 풀이법

이번에는 분위기를 바꾸어 거시적으로 보는 수학머리의 사고방식과 노트 정리법은 어떤지 알아보겠습니다. 예제는 요코하마 시립대학(의대)의 점화식 문제입니다.

> | 문제 |
>
> $a_1 = 1$, $a_2 = 1$
>
> $a_{n+2} - 5a_{n+1} + 6a_n - 6n = 0$
>
> 수열 a_n의 일반항을 구하시오.

이 문제는 국공립대 의학부 입시 문제라서 쉽지 않습니다. 처음 보고 못 푸는 고등학생이 많을 거예요. 물론 처음에는 못 풀어도 괜찮습니다. 보통 수학을 공부할 때, 처음에 못 푸는 문제는 해설을 본 후에 스스로 노트에 쓰면서 풀기 마련이지요.

이때 해설을 보고 '그렇구나' 하고 덮어버리면 머릿속에 남지 않아요. 반드시 스스로 손을 움직여 쓰는 일이 중요합니다. 그러나 손으로 쓸 때도 수학머리를 발달시키는 필기법과 그렇지 않은 필기법이 있습니다. 문제의 전체 흐름을 보고 쓰는 것이 수학머리가 되는 첫걸음이랍니다.

이 문제의 해설은 아마 다음과 같을 거예요.

먼저 세 항의 점화식의 특성방정식 $x^2 - 5x + 6 = 0$을 풀어 $x = 2$, 3을 구하고

$$\alpha_{n+2} - 2\alpha_{n+1} + f(n+1) = 3\{\alpha_{n+1} - 2\alpha_n + f(n)\} \qquad \cdots\cdots ①$$

$$\alpha_{n+2} - 3\alpha_{n+1} + g(n+1) = 2\{\alpha_{n+1} - 3\alpha_n + g(n)\} \qquad \cdots\cdots ②$$

다음으로 $f(n) = pn + q$, $g(n) = rn + s$로서 ①, ②에 대입해 정리하면

$$\alpha_{n+2} - 2\alpha_{n+1} + p(n+1) + q = 3\{\alpha_{n+1} - 2\alpha_n + pn + q\}$$

$$\leftrightarrow \alpha_{n+2} - 5\alpha_{n+1} + 6\alpha_n - 2pn + p - 2q = 0 \qquad \cdots\cdots ③$$

③과 주어진 식을 비교하고

$$-2p = -6,\ p - 2q = 0$$

$$\therefore p = 3,\ q = \frac{3}{2}$$

$$\alpha_{n+2} - 3\alpha_{n+1} + r(n-1) + s = 2\{\alpha_{n+1} - 3\alpha_n + rn + s\}$$

$$\alpha_{n+2} - 5\alpha_{n+1} + 6\alpha_n - rn + r - s = 0 \qquad \cdots\cdots ④$$

④와 주어진 식을 비교해 다음과 같은 풀이 과정을 얻습니다.

$$r = 6, \, r - s = 0 \quad \therefore \, r = 6, s = 6$$

$$\alpha_{n+2} - 2\alpha_{n+1} + 3(n+1) + \frac{3}{2} = 3\{\alpha_{n+1} - 2\alpha_n + 3n + \frac{3}{2}\}$$

$$\alpha_{n+2} - 3\alpha_{n+1} + 6(n+1) + 6 = 2\{\alpha_{n+1} - 3\alpha_n + 6n + 6\}$$

$$\alpha_{n+1} - 2\alpha_n + 3n + \frac{3}{2} = \frac{7}{2} \cdot 3^{n-1}$$

$$\alpha_{n+1} - 3\alpha_n + 6n + 6 = 10 \cdot 2^{n-1}$$

$$\therefore \, \alpha_n - 3n - \frac{9}{2} = \frac{7}{2} \cdot 3^{n-1} - 10 \cdot 2^{n-1}$$

$$\alpha_n = \frac{7}{2} \cdot 3^{n-1} - 10 \cdot 2^{n-1} + 3n + \frac{9}{2}$$

이 풀이를 보며 스스로 노트에 과정을 써야 하는데 모르는 채 베껴 쓰기만 하면 손만 움직였을 뿐 무슨 소리인지 알 리가 없지요. 노트에 글자를 쓰는 일이 공부라고 생각하는 사람이 종종 있습니다. 한마디로 시간 낭비입니다.

하나하나 생각하며 필기하지만 잘 모르는 부분은 '외우기'라고 표시하고 해법 패턴을 익히는 데 전념하는 타입은 그보단 조금 낫습니다. 예를 들면 처음의 '세 항의 점화식의 특성방정식을 풀어' 부분에서 '왜 이 이차방정식을 풀어야 할까?'라는 의문이 머릿속을 스치면서도 '세 항의 점화식의 특성방정식은 이차방정식이라고 외우자!'라고 마음속으로 말하며 다음 줄로 넘어갑니다.

그리고

$$a_{n+2} - 2a_{n+1} + f_{(n+1)} = 3\{a_{n+1} - 2a_n + f_{(n)}\}$$

과 같이 '좌변에 $f_{(n+1)}$, 우변에 $f_{(n)}$을 둔다'라고 외우지요. 이런 타입은 학교 시험 문제는 어떻게든 풀지 모르지만 수학머리로 바꾸지는 못해요.

전체 흐름을 이해하고 푸는 법

그럼 이 문제의 전체 흐름을 보고 이해한 다음에 풀기 시작하면 어떨까요?

먼저 점화식이 무슨 뜻인지 생각합니다. 점화식(漸化式)의 '점'은 '점점 점' 자로 '차차, 점점'이라는 뜻입니다. 제n항의 값이 정해지면 다음의 제$(n+1)$항의 값도 정해지고 제$(n+1)$항이 정해지면 다음 제$(n+2)$항도 정해지는 식으로, 점차 정해져가므로 점화식이라고 합니다.

따라서 초항을 정하고 제n항과 제$(n+1)$항의 관계식을 정하면 점화식은 얼마든지 쉽게 만들 수 있습니다.

예를 들면

$$\alpha_1 = 1 \qquad \alpha_{n+1} = (2\alpha_n + n)^2 + \sqrt{n}$$

이런 점화식은 어떨까요? 'α_{n+1}', 'α_n', '숫자', 'n'을 적절히 배치하기만 하면 항의 값은

$$\alpha_2 = (2+1)^2 + \sqrt{1} = 10$$
$$\alpha_3 = (20+2)^2 + \sqrt{2} = 484 + \sqrt{2}$$

처럼 차례로 정해집니다.

일반항 α_n을 n의 식으로 나타내시오.

이것을 점화식을 푼다고 합니다.

그러나 '일반항 α_n을 n의 식으로 나타내시오'라는 문제를 보면 아마 풀지 못할 겁니다(적어도 저는 절대 못 풀어요). 점화식에서 일반항을 n의 식으로 나타낼 수 있는 경우는 등차수열, 등비수열, 계차수열과 같은 풀 수 있는 형태의 점화식입니다. 주어진 점화식은 그렇게 풀 수 있는 타입으로 되어 있을 거예요.

즉, 등차수열이나 등비수열의 점화식처럼 풀기 쉬운 형태로 변형할 수 없을지 생각해야 합니다. 이 문제는 등비형임을 바로 알 수 있어 최종적으로 $\alpha_{n+1} = p\alpha_n$의 형태로 하고 싶습니다. 그러니까 최종

형이 무엇인지 먼저 머릿속에 입력하라는 말이지요.

이 문제는 세 항의 점화식이므로 $a_{n+2}-a\,a_{n+1}=\beta(a_{n+1}-a\,a_n)$과 같은 형태가 되면 $b_n=a_{n+1}-a\,a_n$으로서 $b_{n+1}=\beta\,b_n$이라는 이상적인 등비수열의 기본형이 됩니다. 그러나 이 문제의 점화식에는 n의 1차식도 들어 있어서 $f(n)$을 n의 1차식으로

$$a_{n+2}-a\,a_{n+1}+f_{(n+1)}=\beta\{a_{n+1}-a\,a_n+f_{(n)}\}$$

과 같은 형태로 하면 풀 수 있게 됩니다. 이 식을 정리해서 좌변으로 모은 것과 문제의 주어진 식을 비교해보면

$$\alpha+\beta=5,\ \alpha\beta=6$$

임을 알 수 있습니다.

즉, α와 β는 $x^2-5x+6=0$이라는 이차방정식의 해이지요. '특성방정식이 이런 의미였구나'라고 특성방정식의 의미도 깨닫게 되고요.

여기까지 오면 그다음엔 해설을 보지 않고 단숨에 계산하면 됩니다. 이처럼 전체의 의미를 이해하면 수학머리도 발달하고, 해설을 다시 보지 않고 노트에 쓰는 습관을 들이면 정답률도 올라간답니다.

7장

귀납적으로
사고하기

반대로 생각해야
비로소 보이는 것들

귀납법, 연역법이라고 하면 어렵게 들리지만 요컨대 구체적 사건에서 일반적인 규칙을 발견하면 귀납법, 확립된 일반적 규칙에 구체적인 일을 적용시켜 해결하면 연역법입니다. 실생활에서 매뉴얼대로 해결되는 일은 매뉴얼대로 하면 됩니다(연역법). 하지만 매뉴얼에 없는 문제를 해결할 때 위력을 발휘하는 것은 귀납적 사고입니다.

규칙을 추측하는 힘

귀납법의 반대말은 연역법입니다.

그런데 좀 복잡한 얘기지만 '수학적 귀납법'은 실은 연역법이고 귀납법이 아닙니다(수학적 귀납법은 n=1, 2, 3일 때 결론을 추측하는 부분이 '귀납'적이므로 수학적 귀납법이라고 부르지만 증명하는 순서는 연역법입니다).

이 책에서 '귀납적 사고를 하지 않는다'고 할 때는 본래 의미의 귀납법을 말합니다. 귀납법이란 구체적인 낱낱의 사항들에서 보편 규칙을 추측하는 방법입니다. 한편 연역법은 일반 이론이나 보편 개념에서 필연적인 논리 전개에 의해 결론을 이끌어내는 추론 방법을 말합니다.

알쏭달쏭한 이야기를 했는데 간단히 말하자면 수학 문제를 공식이나 정리를 이용해서 푸는 방법은 모두 연역법입니다. 수학 공식이란 일반 이론과 보편적 개념을 수식화한 것으로 거기에 구체적인 수치를 넣으면 항상 바른 결과를 얻을 수 있어요. 수학을 못하는 사람이 가장 잘하는 수학 문제 풀이법이지요.

그런데 수학 문제라고 모두 공식에 숫자를 넣으면 답이 나오는 건 아니에요. 다음 문제를 봅시다.

| 문제 |

x미터의 통나무를 n미터(n은 x의 약수) 길이로 잘라 나누려고 합니다. 1

회 자르는 데 a분 걸리고 1회 자를 때마다 b초 쉽니다. 나무를 자르기 시작해서 다 자를 때까지 몇 분이 걸릴까요?

이런 문제는 패턴화할 수 있으면 풀 수 있습니다. 그리고 패턴화해서 풀이법을 외우면 연역적 풀이가 되겠지요.

그러나 모든 문제를 패턴화해서 암기하기는 불가능해요. '아, 속도 문제는 [하지키]를 쓸 수 있어!'라고 아무 생각 없이 그대로 공식에 대입해 ab라고 답하는 것처럼 수학을 못하는 사람은 문자 그대로를 배운 공식에 끼워 맞추려고 합니다. 그런데 이 문제에서는 무슨 공식을 써야 할지 생각조차 안 나니 망연자실할 수밖에요.

아무리 수학을 잘하는 사람이라도 추상적인 것보다는 구체적으로 생각하는 게 훨씬 편하겠지요. 구체적 사례로 생각한 것을 일반화, 추상화해가는 과정이야말로 진정한 귀납적 사고입니다.

구체 → 추상으로 생각한다

x미터를 n미터로 잘라 나눈다.

이 정도라면 구체적 숫자를 떠올릴 필요는 없을지도 모르지만 일단 $10m$를 $2m$로 잘라 나눈다고 생각하면 좀 더 생각하기 쉽겠지요. 이렇게 구체적으로 생각하면 다음 단계로 넘어갈 때도 도움됩니다.

5그루로 잘라 나눈다고 하면, 자르는 횟수는 4회가 됩니다.

그러면 자르는 횟수는 $(\frac{x}{n}-1)$회네요. 그리고 자르는 데 걸리는 시간은 1회 자르는 데 걸리는 시간을 곱하면 되므로 $a \times (\frac{x}{n}-1)$분입니다.

휴식 시간은 자르는 횟수가 4회라면 3회이므로 자르는 횟수보다 1회 적습니다. 또 휴식 시간은 b초라서 단위를 분으로 환산해야 합니다. 120초는 2분이듯 초를 분으로 바꾸려면 60으로 나누면 되니까 $b \div 60 = \frac{b}{60}$ 분이 휴식 시간입니다.

휴식 횟수는 자르는 횟수보다 1회 적으니까 $(\frac{x}{n}-2)$회가 되는군요.

원래 문제를 이처럼 자신이 좋아하는 숫자를 넣어서 바꾸면 다음과 같습니다.

| 문제 |

10미터의 통나무를 2미터 길이로 잘라 나누려고 합니다. 1회 자르는

데 5분 걸리고, 1회 자를 때마다 40초 쉽니다. 나무를 자르기 시작해서

다 자를 때까지 몇 분이 걸릴까요?

$$10 \div 2 = \frac{10}{2} = 5 그루$$

$$5 - 1 = 4회 \ 자름$$

$$4 - 1 = 3회 \ 휴식$$

$$5 \times 4 = 20분$$

$$40 \div 60 = \frac{40}{60}$$

$$5 \times 4 + \frac{40}{60} \times 3 = 22$$

위와 같이 구체적으로 생각한 식을 문자로 바꾸면

$$\left(\frac{x}{n} - 1\right) \times a + \left(\frac{x}{n} - 2\right) \times \frac{b}{60}$$

라는 식도 어렵지 않게 만들 수 있을 거예요. 하지만 실제로 중학생

에게 이 문제를 풀게 하는 장면을 상상하니 아이들 우는 소리가 들

리는 듯하네요.

구체에서 추상이라는 귀납적 사고도 못하거니와 풀이법을 통으로 외워서 숫자를 대입하기만 할 줄 아니까요. 아는 풀이법에서 조금만 벗어난 문제를 만나면 속수무책이 될 수밖에요.

얼마를 팔아야
얼마가 남을까?

스스로 숫자를 설정하면 법칙이 보인다

기업의 이익을 구체적으로 생각해보자

| 문제 |

철도회사에서 어느 노선의 승차요금을 인상하려고 기획하고 있습니다. 승차요금을 α% 올리면 승객 수는 $\frac{1}{2}$α% 감소한다는 계산 결과가 있습니다. 8%의 수입 증가를 위해서는 승차요금을 몇 % 올리면 좋을까요?

이 문제는 와세다 고등학교의 입시 문제입니다. 이 문제에는 원래의 승차요금과 승객 수가 주어져 있지 않습니다. 비율의 문제로 판단해 '구모와'로 풀려는 사람은 이 시점에서 사고정지 상태에 빠져 손도 못 대지요.

수학적 센스가 있는 사람은 처음부터 눈치로 '이 문제에서는 원래 승차요금과 승객 수는 관계없다'라고 알아채 α만 들어간 방정식을 술술 만듭니다.

하지만 구체적인 승차요금과 사람 수가 주어지면 상황을 파악하기 쉬우니까 먼저 적당한 승차요금, 승객 수와 함께 α%도 10%로 설정해볼게요(어디까지나 혼자 공부할 때의 방법론으로 실제 시험에서는 수학적 센스가 있는 사람의 방법을 쓰세요).

① 승차요금 100엔, 승객 수 100명, 승차요금 10% 인상, 승객 수 5% 감소

원래의 매상=100×100=10000엔

10% 인상 → 승차요금 = 100 × 1.1 = 110엔

5% 감소 → 승객 수 = 100 × 0.95 = 95명

인상 후의 매상 = 110 × 95 = 10450엔

매상은 $\frac{10450}{10000}$ = 1.045배 = 4.5% 수입 증가

② 승차요금 200엔, 승객 수 1000명, 승차요금 10% 인상, 승객 수 5% 감소

원래의 매상 = 200 × 1000 = 200000엔

10% 인상 → 승차요금 = 200 × 1.1 = 220엔

5% 감소 → 승객 수 = 1000 × 0.95 = 950명

인상 후의 매상 = 220 × 950 = 209000엔

매상은 $\frac{209000}{200000}$ = 1.045배 = 4.5% 수입 증가

이 시점에서 승차요금, 승객 수는 관계없다는 사실을 깨닫습니다. 그것을 문자로 일반화(구체→추상)해 증명해보겠습니다.

승차요금 t엔, 승객 수 s명, 승차요금 10% 인상, 승객 수 5% 감소

원래의 매상 = t × s = st엔

10% 인상 → 승차요금 = t × 1.1 = 1.1t엔

5% 감소 → 승객 수 = s × 0.95 = 0.95s명

인상 후의 매상 = 1.1t × 0.95s = 1.045st엔

매상은 $\dfrac{1.045st}{st}$ = 1.045배 = 4.5% 수입 증가

st가 없어지네요.

그리고 다음은 α%의 경우로 방정식을 만듭니다. 이때에도 '구체→추상'이라는 작업이 중요합니다.

$$10\% \text{ 인상} = t \times 1.1 = 1.1t \text{엔}$$

$$1.1 = 1 + \frac{10}{100}$$

$$\alpha\% \text{ 인상} = t \times (1+\frac{\alpha}{100}) \text{엔}$$

$$5\% \text{ 감소} = \frac{10}{2}\% \text{ 감소} = s \times 0.95 = 0.95s \text{명}$$

$$0.95 = 1 - \frac{10 \times \frac{1}{2}}{100}$$

$$\frac{\alpha}{2}\% \text{ 감소} = s \times (1-\frac{\alpha \times \frac{1}{2}}{100}) = s \times (1-\frac{\alpha}{200}) \text{명}$$

(분모와 분자에 2를 곱했다)

$$t \times (1+\frac{\alpha}{100}) \times s \times (1-\frac{\alpha}{200}) = \frac{108}{100}st$$

양변을 st로 나누면

$$(1+\frac{\alpha}{100})(1-\frac{\alpha}{200}) = \frac{108}{100}$$

이라는 방정식이 세워집니다.

실은 이 문제에는 'α=10인 경우 수입은 몇 % 증가할까요?'라는 문제가 붙어 있었습니다. 이는 구체적인 숫자로 수입이 증가한다는 것이 무엇인지 생각하게 합니다. '구체→추상으로 생각하면 쉬워요'라는 출제자의 배려 혹은 메시지가 아닐까요?

그러니 이 방정식을 풀 때도 조금만 머리를 쓰면 번잡한 계산을 피할 수 있답니다. 설마 갑자기 괄호를 없애는 전개는 하지 않겠지요? 우선 양변에 무엇을 곱할까요?

맞습니다. $100 \times (-200)$을 곱하는 게 최적이지 않나요?

$$100 \times (-200)\left(1+\frac{\alpha}{100}\right)\left(1-\frac{\alpha}{200}\right) = \frac{108}{\cancel{100}} \times \cancel{100} \times (-200)$$

$$(\alpha+100)(\alpha-200)=108 \times (-200)$$

$$\alpha^2 - 100\alpha - 100 \times 200 + 200 \times 108 = 0$$

$$\alpha^2 - 100\alpha + 200(108-100) = 0$$

$$\alpha^2 - 100\alpha + 1600 = 0$$

$$(\alpha-20)(\alpha-80)=0$$

$$\alpha=20,\ 80$$

결론은 20% 혹은 80%의 요금 인상으로 목적을 달성할 수 있다고 나옵니다. 앞서 나오지 않았지만 원래 이 문제는 50% 이하라는 제한이 있었습니다. 그러므로 답은 20%가 됩니다.

돌고 도는 사고실험 몬티 홀 문제

미국의 인기 TV 프로그램 게임에서 시작된, 세계 모든 사람을 곤혹스럽게 만든 이 문제. 직감적으로는 맞다고 생각되는데 논리적으로 생각하면 틀리는 해답이 나오는 몬티 홀 문제입니다. 그럼 이 패러독스의 세계로 떠나볼까요?

직감적인 답이 틀렸다?

몬티 홀 문제라는 것이 있습니다. 몬티 홀(Monty Hall, 1921~2017)이 사회를 보는 미국의 퀴즈 쇼에서 유래한 문제로 게임의 대략적인 내용은 다음과 같습니다.

3개의 상자가 있습니다. 그중 하나에는 고급 상품이 들어 있고 나머지 2개는 꽝입니다. 참가자는 1개의 상자를 선택할 수 있어서 먼저 1개를 선택합니다.

사회자 몬티 홀은 어느 상자에 상품이 들어 있는지 이미 알고 있습니다. 참가자가 고르지 않은 2개의 상자 중 적어도 1개는 꽝입니다(참가자가 상품을 고르면 2개 모두 꽝, 참가자가 꽝을 고르면 1개는 상품이고 1개는 꽝).

사회자는 그 꽝 상자를 열어 보여주며 "이 상자를 고르지 않아서 다행이네요"라고 말하고 이때 참가자가 처음에 고른 상자를 바꿀 기회를 줍니다.

여러분이라면 어떻게 하시겠어요?

이것이 이 게임의 흐름입니다. 참가자는 상자를 바꿀지, 그대로 선택할지 둘 중 어느 쪽이 확률적으로 유리한지 생각해야 합니다.

저는 수학을 싫어하는 사람이 수학 배워서 어디 써먹냐고 물으면 "써먹을 데가 없어요"라고 대답하곤 했습니다. 이러니저러니 설명해도 알아듣지 못할 때가 많고 귀찮아 그렇게 대답할 뿐이지, 실제로는 엄청나게 써먹을 곳이 많습니다.

　본문 곳곳에서 말한 것처럼 수학을 배우는 의의는 논리적으로 사물을 생각하는 힘을 키우는 데 있어요. 논리적의 반대말은 정서적, 감정적, 직감적 등입니다. 수학을 싫어하는 사람에게 논리적인 설명을 해도 이따금 정서적, 감정적, 직감적인 반론을 펴서 결국 말이 안 통하는 일도 있지요.

　이 몬티 홀 문제와 비슷한 문제가 있습니다.

| 문제 |

3개의 동전이 있습니다. 1개는 양면 금색, 1개는 양면 은색, 그리고 나머지 1개는 한쪽은 금색이고 한쪽은 은색입니다. 3개 중 1개를 눈을 가리고 꺼냈을 때 금색 면이 보이면 이 동전의 뒷면은 금과 은 중 어느 쪽일 확률이 높을까요?

　이 문제가 어느 SNS에서 화제가 되었을 때 '금과 은 둘 중에 하나니까 2분의 1이 당연한 거 아니야?'라고 우기는 사람이 있었습니다. 아무리 논리적으로 설명해도, 감정적으로 이미 2분의 1이라고 정해놓은 그 사람은 금일 확률이 은일 확률보다 크다는 것을 이해하지 못했습니다.

논리적으로 사물을 생각하지 않고 감정적으로만 사고하면 이 동전 문제는 단순한 탁상공론이 되겠지만 몬티 홀 프로그램에 출연했다면 상품을 손에 넣을 확률을 줄여 큰 손해를 보게 되지요.

몬티 홀 프로그램 출연은 흔치 않은 일이지만 실은 이와 같이 일상에서 확률을 고려해 논리적 사고를 하면 손해를 줄일 수 있는 경우는 많이 있어요.

만약 몬티 홀 문제, 금은 동전 문제를 논리적 수식으로 설명해도 납득하기 어렵다면 '직감적'으로 알 수 있는 방법으로 설명할게요.

3개 중 1개가 당첨인 제비를 1개 뽑을 때 당첨될 확률이 3분의 1이라는 사실은 직감적으로 알겠지요? 몬티 홀 참가자가 고민에 휩싸이는 것은 1개의 상자를 선택한 후 사회자가 하는 말에 혼란스러워져 냉정한 판단력을 잃어버리고, 처음에 정한 판단을 바꾸는 일을 심리적으로 주저하게 되기(초지일관이라는 말도 있으니) 때문입니다. 그리고 2개 중 1개가 당첨이므로(맞음) 확률이 2분의 1(틀림)이라고 믿기 때문이기도 해요.

몬티 홀 문제의 참가자가 하는 일은 두 가지뿐입니다. 첫 번째는 먼저 3개의 상자에서 1개를 고릅니다(이때는 어떤 대책도 세울 수 없습니다). 두 번째는 사회자가 1개의 꽝 상자를 연 후에 상자를 바꿀까, 바꾸지 않을까를 결정하는 일입니다.

상자를 바꿀지, 바꾸지 않을지 미리 정해놓는 것과 1개의 꽝 상자가 열린 후에 정하는 것에 차이가 있다고 생각하세요?

'참가자가 1개의 상자를 고르고 상품 상자를 아는 사회자가 1개의 꽝 상자를 연다.' 이 내용은 상자를 정하기 전부터 알고 있는 일입니다. 사회자가 꽝 상자를 열었다고 해서 게임 시작 전과 비교하여 새로 알게 된 정보는 아무것도 없습니다(사회자가 꽝 상자를 1개 여는 일 또한 이미 알고 있습니다). 따라서 고른 상자를 바꿀지 바꾸지 않을지

미리 결정하건, 1개의 상자가 열린 후에 결정하건 차이가 없습니다.

　즉, 이 문제를 단순히 생각하면

참가자는 미리 쇼에 출연하기 전에 처음에 고른 상자를 '절대 바꾸지
않는다'라거나 '꼭 바꾼다'라고 정해두면 좋다.

라는 말입니다.

　'절대 바꾸지 않는다'로 한 경우 당첨될 확률이 3분의 1임은 '직
감'대로입니다. 만약 '꼭 바꾼다'로 한 경우 처음에 당첨되지 않았다
면(꽝 상자) 상품을 얻을 수 있습니다. '꼭 바꾼다'로 정하면 3분의 2의
확률로 상품을 손에 넣을 수 있다는 사실을 이해하겠나요? 그러므
로 바꾸는 쪽이 바꾸지 않을 때보다 2배나 확률이 높아집니다.

　동전도 같습니다. 미리 '보이는 쪽과 같은 색을 말한다'나 '보이
는 쪽과 다른 색을 말한다'라고 정해놓으면 어떨까요?

　양면 색이 같은 동전은 3개 중 2개니까 그 2개를 고를 확률은 3
분의 2, 색이 다른 동전은 3개 중 1개니까 확률은 3분의 1입니다. 금
색이 보이면 금색, 은색이 보이면 은색이라고 말하면 평균 3회 중 2

회는 맞히게 됩니다.

확률 계산으로 손해를 피한다

보험회사는 고객에게 보험금을 모으고 고객 중 손해가 생긴 사람에게 보상금을 지불하는 기업입니다. 따라서 수익을 내고 직원에게 급여를 주기 위해서는 지불할 보상금을 크게 웃도는 보험금을 모아야 합니다.

　개인의 재력으로는 도저히 회복할 수 없는 금전적 손해를 회복하기 위해 꼭 필요한 기업이라고 할 수 있지요. 하지만 그렇다고 보험에 무턱대고 가입하는 게 더 좋다는 말은 아닙니다.

　예를 들면 자동차를 운전할 때 가입하는 '대인대물 무제한 임의보험'은 고객 측에서의 기대치(수학 용어일 뿐, 결코 사고를 기대한다는 말이 아닙니다)를 계산하면 상당히 손해입니다. 물론 사고가 일어났을 때 억만금을 금방 준비할 수 있는 사람은 거의 없겠지요. 불행하게 사고가 일어나 타인을 다치게 했을 때 피해자나 유족을 울다 잠들게 하지 않기 위해서도 자동차 임의보험은 꼭 가입해야 합니다.

그러나 여차하면 없애도 되는 물건에 대한 보험은 기대치를 계산해보면 굳이 가입할 필요가 없어요.

| 보험 |

어느 자전거 제조사는 5만 엔짜리 새 자전거에 5천 엔의 도난보험을 묶어서 판다. 이 보험에 가입하면 구입 후 3년 이내에 도난당할 경우 똑같은 새 자전거를 40%의 값(60% 보상)으로 구입할 수 있다.

예를 들면 위와 같은 내용의 보험입니다. 즉 5000엔의 보험료를 낸 뒤 도난당했을 때 보상받는 금액은 3만 엔이고 2만 엔은 스스로 부담해야 한다는 규정입니다. 이 도난보험은 3년 이내에 자전거를 도난당할 확률이 얼마 이상일 때 가입하면 좋을까요?

1) 보험에 들지 않고 도난당하면 새 자전거를 산다
2) 보험에 들지 않고 도난당하지 않는다
3) 보험에 들고 도난당하면 새 자전거를 산다
4) 보험에 들고 도난당하지 않는다

자전거의 가치는 이용하는 사람에 따라 다르므로 단순히 가격으로 정할 수는 없으나, 일단 5만 엔의 돈과 가치가 같다고 간주하겠습니다. 이제 1~4 각각의 경우에 발생되는 손해 금액을 계산해볼까요?

1) 5만 엔 손해

2) 0엔

- 5만 엔 내고 5만 엔의 가치가 있는 물건을 소유하므로 차액은 0

3) 2만 5000엔 손해

- 원래 자전거를 잃어버리고 5만 엔의 손해. 5만 엔의 가치가 있는 새 자전거를 살 수 있는 보험의 비용+구입 비용을 부담하여 얻었으므

로 차액 2만 5000엔의 손해

4) 5000엔 손해

- 결론적으로 아무것도 얻지 않았으므로(심리적인 요인은 여기서 고려하
지 않습니다) 보험료 5000엔의 손해

현재 일본에서 단단히 자물쇠를 채운 자전거를 도둑맞을 확률
은 얼마나 될까요?

저는 런던에 살 때 창고에 둔 로드 바이크 2대를 자물쇠가 부서
진 채 도둑맞았고, 슬로베니아에 살 때는 굵은 체인 자물쇠를 한 바
구니 달린 자전거를 도둑맞았으며, 일본에서는 런던에서 가지고 온
로드 바이크를 아들이 학생 기숙사에서 관리를 제대로 못해(잠갔지만
고정물과 연결하지 않아서) 도둑맞는 등 굉장히 많이 자전거 도난을 당했
습니다.

과연 일본에서 보통 수준으로 관리했을(반드시 자물쇠를 채우고 가능
한 한 고정물과 연결) 때 3년 이내에 자전거를 도난당할 확률이 얼마인
지는 모르겠습니다. 다만 그 숫자가 어느 정도여야 이 보험에 가입
할 가치가 있는지는 계산해볼 수 있겠네요.

보험이란 손실을 채우는 것입니다. 즉, 보험에 들었다고 이익이

나지는 않습니다. 보험으로 얻을 수 있는 기대치의 최댓값은 0이라는 말이지요. 따라서 아래 계산은 손실의 기대치가 모두 마이너스라서, 마이너스를 생략하고 값이 작으면 작을수록 좋은 것으로 계산합니다.

일본에서 3년 이내에 자전거를 도둑맞을 확률을 α%라고 합시다.

1) 보험에 들지 않고 도난당하면 새 자전거를 산다

→ 50000엔 $\times \dfrac{\alpha}{100} = 500\alpha$

2) 보험에 들지 않고 도난당하지 않는다

→ $0 \times (1 - \dfrac{\alpha}{100}) = 0$

보험에 들지 않은 경우의 기대치 = $500\alpha + 0 = 500\alpha$

3) 보험에 들고 도난당하면 새 자전거를 산다

→ 25000엔 $\times \dfrac{\alpha}{100} = 250\alpha$

4) 보험에 들고 도난당하지 않는다

→ $5000 \times (1 - \dfrac{\alpha}{100}) = 5000 - 50\alpha$

보험에 든 경우의 기대치=250α+5000-50α=200α+5000

보험에 든 경우와 들지 않은 경우의 기대치가 같아지면 500α=200α+5000이니까 α=16.7%라는 값을 얻네요. 따라서 일본에서 3년 이내에 자전거를 도둑맞을 확률이 16.7% 이상이라고 생각되는 분은 보험에 가입해도 좋습니다.

하지만 저는 열심히 관리하면 자전거를 도둑맞을 확률이 16.7%보다 낮다고 생각하기 때문에 이 보험에는 가입하지 않겠습니다.

수학머리는 도박을 이렇게 본다

곧 당첨될 것 같다는 생각은 노름꾼의 환상입니다. 만약 주사위 게임을 할 때 주사위 눈이 5회 연속해서 6이 나오지 않으면 '이제 6이 나올 차례야'라고 생각하는 사람은 얼마나 있을까요?

물론 그때까지 어떤 눈이 나왔든(아무리 5회 연속으로 6이 나왔다 해도) 다음에 6이 나올 확률은 여전히 $\frac{1}{6}$입니다.

그 정도는 누구나 머리로는 알고 있어도 무심결에 당첨될 확률이 $\frac{1}{10}$이면 10회 이내, $\frac{1}{100}$이면 100회 이내에 당첨된다고 생각하는 것이 인간의 슬픈 본성입니다.

그래서 파친코 등의 도박에서 '이만큼 꽝이 계속 나왔으니까 이제 잭팟이 나올 거야'라거나 '이번에는, 이번에는' 하고 돈을 퍼붓는 사람이 끊이지 않지요.

그러면 당첨된 확률이 항상 $\frac{1}{n}$인 제비를 n회 이내에 적어도 1회 맞힐 확률은 얼마나 될까요?

예를 들어 동전을 던져 앞면이 나오면 당첨이라고 합시다. 이때 확률은 $\frac{1}{2}$입니다. 그럼 2회 이내에 적어도 1회는 앞면이 나올 확률은 얼마일까요? 이는 바꾸어 말하면 '2회 계속해서 뒷면이 나오지 않으면 된다'는 말이므로 2회 연속으로 뒷면이 나올 확률

$$\frac{1}{2} \times \frac{1}{2} = \frac{1}{4}$$

을 1에서 빼면 되니까

$$1 - \frac{1}{2} \times \frac{1}{2} = \frac{3}{4} = 75\%$$

입니다.

그럼 당첨 확률 $\frac{1}{10}$인 제비를 10회 뽑아 적어도 1회 당첨될 확률은 어떨까요? 1회 꽝일 확률이 $\frac{9}{10}$, 그것이 연속으로 10회 일어나는 경우는 '1번도 뽑히지 않는 경우'라는 의미입니다. 10회 전부 꽝이 되는 경우만 발생하지 않으면 괜찮으니,

$$1-(\frac{9}{10})^{10}=0.651321\fallingdotseq 65\%$$

입니다. 즉 약 35%의 확률로, 뽑힐 확률 10%인 제비를 10회 모두 뽑지 못해 크게 손해를 봅니다.

물론 반대로 운 좋게 2회, 3회씩 당첨될 때도 있습니다. 그 말은 뽑힐 확률이 $\frac{1}{10}$이고, 당첨 상금이 판돈의 10배라면 이 제비의 기대치는 ±0이라는 뜻입니다. 이 제비를 몇천, 몇만 번 뽑으면 손익은 0으로 수렴되어 손해도 이득도 없습니다. 그러나 이 세상에 맞힐 확률이 $\frac{1}{n}$이고 배당이 n배인 도박은 존재하지 않아요. 모두 관리하는 기관이 '반드시' 이익을 얻게 되어 있지요.

"초만마권(超萬馬券, 배당이 100배를 넘는 마권을 만마권이라 하는데 그중에서도 2만 배가 넘을 만큼 상금이 큰 마권.─옮긴이)! 100엔이 200만 엔으로!"라든가 "연말 점보(일본에서 연말에 발행하는 이벤트성 고액 복권을 말하며 최고 상

금은 10억 엔이다.—옮긴이) 10억 엔!" 등 별것 아닌 계산인데도 사행심을 부추겨 수학적·논리적 사고를 하지 않는 대다수 사람에게 '안정적' 으로 돈을 빼앗습니다.

복권을 '어리석은 자가 내는 세금'이라고 말하는 이유지요. 복권 은 당첨 금액이 막대하고, 경마는 마권 종류가 다양한 데다 가끔 나오는 초만마권의 숫자가 너무 커 감각이 마비되며 혼미해집니다. 좀 더 머릿속에 떠올리기 쉬운 친근한 숫자, 주사위 눈을 알아맞히 면 상금을 주는 게임으로 예를 들어봅시다.

게임의 1회 참가비는 1000엔입니다. 그리고 나올 눈을 맞힐 경 우의 상금은 현실의 환원률로 계산해 경마는 4500엔, 복권은 2600 엔으로 합니다.

주사위 눈이 맞을 확률은 $\frac{1}{6}$이므로 평균 6회에 1회만 맞으니 6000엔의 상금으로 엇비슷하게 됩니다. 그런데 경마와 복권은 당첨 되어도 상금이 각각 4500엔, 2600엔밖에 안 됩니다.

다음으로 이 게임을 6회 행한 경우, 각각 몇 회 맞을지 확률을 생각해봅시다.

전부 꽝인 경우. 참가비 6000엔 손해

→ $(\frac{5}{6})^6 = 33.5\%$

1회만 맞았을 경우. 경마 1500엔 손해, 복권 3400엔 손해

→ $\frac{1}{6} \times (\frac{5}{6})^5 \times {}_6C_1 = 40.2\%$

2회 맞았을 경우. 경마 3000엔 이익, 복권 800엔 손해

→ $(\frac{1}{6})^2 \times (\frac{5}{6})^4 \times {}_6C_2 = 20.1\%$

3회 맞았을 경우. 경마 7500엔 이익, 복권 1800엔 이익

→ $(\frac{1}{6})^3 \times (\frac{5}{6})^3 \times {}_6C_3 = 5.4\%$

4회 맞았을 경우. 경마 12000엔 이익, 복권 4400엔 이익

→ $(\frac{1}{6})^4 \times (\frac{5}{6})^2 \times {}_6C_4 = 0.8\%$

5회 맞았을 경우. 경마 16500엔 이익, 복권 7000엔 이익

→ $(\frac{1}{6})^5 \times (\frac{5}{6}) \times {}_6C_5 = 0.06\%$

6회 맞았을 경우. 경마 21000엔 이익, 복권 9600엔 이익

→ $(\frac{1}{6})^6 = 0.002\%$

경마는 약 74%(33.5+40.2), 복권은 약 94%(33.5+40.2+20.1)의 확률로 손해를 보는 게임입니다. 계속한다면 결과는 불 보듯 뻔하겠지요. 덧붙여 확률이 항상 $\frac{1}{n}$인 제비를 n회 이내에 적어도 1회는 맞힐 확률은

$1-(1-\frac{1}{n})^n$으로 n을 무한으로 했을 경우

$$\{1-(1-\frac{1}{n})^n\}=1-\frac{1}{e}=63.2\%$$

이는 $n=10$, 즉 아무리 횟수를 늘려 맞힐 확률은 제비를 뽑는다고 해도 10회 이상부터는 맞힐 확률이 크게 차이가 나지 않는다는 의미입니다. 파친코 잭팟의 확률은 얼마인지 자세히 모르지만, 대략 $\frac{1}{200}$ ~ $\frac{1}{500}$ 정도로 $\frac{1}{200}$이든 $\frac{1}{500}$이든 각각 63.30%와 63.24%로 거의 같은 값입니다.

복권은 몇 장을 사야 좋을까?

점보 복권 1등에 당첨될 확률은 2000만 분의 1이므로 한번에 100장(3만 엔!)을 사도 확률은 20만 분의 1입니다.

매회 100장씩 20만 회(10만 년) 연속으로 사면 가까스로 당첨 확률이 63%, 기껏 40회(서머 점보[연말 점보 복권과 상금이 같은 서머 점보 복권을 말하며 매년 8월에 추첨한다.—옮긴이], 연말 연 2회로 20년)로 모두 떨어질 확률은

$$(\frac{199999}{200000})^{40} = 99.98\%$$

입니다.

그래도 여러분은 복권을 살 건가요? 복권이 아니라 꿈을 사는 것이라고 말하는 분도 많겠지요.

확실히 사지 않으면 당첨될 확률은 0이지만, 샀을 때의 확률은 '거의 0'이라고 해도 완전히 0은 아닙니다. 그러나 2000만 분의 1이라는 확률은 도쿄도와 사이타마현의 인구를 합친 수 중에서 무작위로 1명을 고를 때 당신이 선택될 확률과 같습니다.

한편 그 100배의 확률인 20만 분의 1은 쌀 $5kg$ 중에서 단 1알 있는 당첨을 한 번에 맞힐 확률입니다. 이렇게 비교하면 20만 분의 1은 맞히기 쉽게 느껴질지도 모르겠네요(그야 확률이 100배니까 당연하지요). 그러나 쌀 $5kg$ 중에서 단 1알을 한 번에 맞힌다는 사실만 보면 바로 가능성이 낮다고 생각하겠지요.

그렇습니다. 모두 '거의 0'이라는 점에서는 같습니다. 그러니 꿈도 꾸는 동시에 가장 합리적으로 복권을 사겠다면 '1장'만 사기를 바랍니다.

3만 엔(약 31만 원)을 종이 쪼가리로 생각하는 사람은 복권에 당첨

되지 않아도 상당히 부유한 사람일 테지요. 대부분의 사람에게 3만 엔은 잃어버리면 정말 우울해지는 금액일 것입니다. 그러나 300엔 (약 3100원)을 잃어버리면 기쁘지는 않겠지만 하루 종일 기분이 우울할 정도는 아니겠지요.

잃어버린 곳이 전철역 등 분실물을 찾기 쉬운 곳이 아니라면 300엔은 어쩔 수 없다며 단념하겠지만, 3만 엔이라면 온갖 수단을 다해 찾으려고 노력할 거예요. 그렇게 바로 단념할 수 있는 300엔으로 꿈만은 살 수 있으니 복권으로 일확천금을 꿈꾸는 분은 딱 1장만 사기를 권합니다.

수학에서
조건은 힌트다

조건은 문제 해결의 열쇠

– 주어진 힌트 놓치지 않기

조건을 빠짐없이
그리고 적절히 사용하자

사회생활에서는 상황에 따라 여러 조건과 제한이 존재합니다. 그 관문을 어떻게 돌파해 문제를 해결하는지가 중요하지요. 그때 조건을 잘 이해하지 못하거나 잘못 인식하고, 빠뜨리기까지 한다면 어떻게 될까요? 그런 문제를 방지하려면 조건과 제한을 전부 적절히 사용해야 합니다.

조건이 너무 많으면 나도 모르게 빠뜨린다

학원 강사 시절, 문제를 풀지 못해 끙끙대는 학생에게 "문제에서 주어진 조건을 전부 썼는지 체크해봐"라고 조언했습니다. 수학 문제를 어렵게 하는 요소에는 '조건의 수가 많다'가 있습니다. 거꾸로 말하면 조건의 수가 적으면 문제는 쉬울 가능성이 높아집니다.

전형적인 예가 초등학교 수학 교과서의 문장제예요. 나오는 숫자(숫자도 훌륭한 조건입니다)가 2개뿐이니까요. 그러면 어떤 연산을 할지 생각하기만 하면 되지요. 2개만 있으면 조건을 빠뜨릴 염려가 없습니다. 하지만 조건이 많아지면 빠뜨리고 맙니다. 문제에 조건이 많이 주어져도 한번에 쓰는 일은 적고

A라는 조건에서 B라는 결론이 나오고 그 결론 B와 C라는 조건을 조합해 D라는 결과를 얻는다. 그 D와 E라는 조건을 합쳐 생각하면 답이 나온다.

처럼 1개나 2개씩 씁니다. 그러면 아무리 신경 써도 조건을 자주 빠뜨리게 되지요.

구체적인 예를 들어볼게요. 고베시에 있는 명문 사립 나다 고등학교의 입시 문제입니다.

조건은 모두 적절한 곳에 사용한다

| 문제 |

α, b는 양의 정수로 α는 홀수, b는 소수로 합니다. 이차방정식 $x^2-\alpha x$
$-b^3=0$이 정수 해를 가질 때, α와 b는 얼마일까요?

문제는 매우 간단하지만

α, b는 양의 정수

α는 홀수

b는 소수

$x^2-\alpha x-b^3=0$이 정수 해를 가진다

와 같이 조건이 많습니다.

그리고 사용할 순서도 각각 달라 조건의 우선순위도 정해야 합
니다. 이때 수학을 못하는 사람은 이렇게 간단한 조건에도 어려움
을 느끼고 풀지 못합니다. 사용하는 조건은 원칙적으로 답을 줄이
는 요소가 큰 쪽이 우선시됩니다.

이 문제에서는

우선순위 첫 번째 → $x^2-\alpha x-b^3=0$이 정수 해를 가진다

우선순위 두 번째 → b는 소수

우선순위 세 번째 → a는 홀수

우선순위 네 번째 → a, b는 양의 정수

가 됩니다. $x^2 - ax - b^3 = 0$이 정수 해를 가지기 위해서는 $(x \pm$ 정수 A$)(x \pm$ 정수 B$)$와 같이 인수분해해야 합니다.

따라서 (정수 A) × (정수 B) = $-b^3$이고 다음의 'b는 소수'라는 조건에서, b는 더 이상 소인수분해되지 않음을 알 수 있습니다. b^3의 약수는 $(1, b, b^2, b^3)$밖에 없다는 말입니다.

또 정수 A, B의 조합은 (A, B), (B, A)로 바꾸어 넣어도 같으므로(이러한 세밀한 고찰도 중요)

$$(1, -b^3), \ (-1, b^3), \ (-b, b^2), \ (b, -b^2) \cdots ①$$

중 어느 한 가지가 됩니다. 다음으로 'a는 홀수'라는 조건과 $x^2 - ax - b^3 = 0 \leftrightarrow (x \pm$ 정수 A$)(x \pm$ 정수 B$)$라는 조건에서 '$x^2 - ax - b^3 = 0$'의 $-a$의 마이너스와 ①번 조건의 마이너스를 일단 무시합니다.

이렇게 조건을 일시적으로 제외하는 것도 중요합니다. 풀이에 불필요한 조건이 있으면 방해되기 때문이지요.

여기서는 'a는 홀수'라는 조건에서 정수 A, B의 짝수, 홀수 여부를 판단하려고 합니다. (A+B)와 (A-B)의 홀짝은 동일하므로 A, B가 짝수인지 홀수인지만 관계 있고 양음은 상관이 없습니다.

이럴 때는 제외하고 생각하는 편이 쓸데없는 검토를 하지 않을
수 있어 좋겠지요.

$$(b + b^2) = 홀수 \cdots ②$$

혹은

$$(1 + b^3) = 홀수 \cdots ③$$

②번 조건을 생각해보겠습니다. b가 홀수라면 b^2도 홀수이고, b
가 짝수라면 b^2도 짝수입니다. 그렇기 때문에 b와 b^2의 합은 항상 짝
수가 됩니다. 즉 ②번은 성립하지 않습니다.

다음으로 ③번 조건에 대해 생각해봅시다. ③번이 성립하려면
b^3는 짝수여야 합니다. 한편 b는 소수라는 조건이 있는데 소수 중
짝수인 수는 유일하게 2뿐입니다.

이 시점에서 $b=2$가 결정됩니다. 그리고 'a는 양의 정수'라는 조
건에서 $(1, -b^3)$과 $(-1, b^3)$ 중 $(1, -b^3)$이 정답이 됩니다.

결국 $x^2 - ax - b^3 = 0 \leftrightarrow (x+1)(x-8)$이 되어 $a=7$, $b=2$를 구할 수 있
습니다.

이처럼 수학 문제를 풀 때는 주어진 조건을 빠짐없이, 그리고 적절히 써야 합니다. 수학을 못하는 사람은 풀이 패턴만 암기하면 된다고 생각해 패턴과 맞지 않는 다양한 조건을 제대로 못 쓰고 꼭 한두 개씩 빠뜨리기 쉽지요.

동물 다리 수 문제의
모든 조건이란?

조건을 능숙하게 사용하면 선택지가 늘어난다

조건을 빠뜨리면 풀 수 없다

다음은 중학교 입시 문제입니다. 먼저 종이와 연필을 준비해 스스로 풀어보세요. 중학교 시험 문제지만 방정식을 쓰고 싶은 분은 써도 괜찮습니다. 착각하는 사람이 많은데 중학교 시험에서 방정식을 쓰는 일은 반칙이 아닙니다. 쓰는 학생도 아주 많아요(단, x, y 대신 ① 이나 ①을 쓰는 경우가 많습니다).

그러나 이 문제의 설명은 방정식을 쓰지 않고 흔히 말하는 '동물 다리 수 문제'로 하겠습니다.

| 문제 |

다로는 산꼭대기 A에서 기슭인 D까지 산을 내려갑니다. 지로는 반대로 D에서 A로 올라갑니다. 2명이 동시에 출발해 내려갈 때는 시속 6km, 올라갈 때는 시속 2km, BC 사이의 평지는 시속 4km로 걸어갑니다. A B 사이는 5km, CD 사이는 3km입니다.

다로는 A에서 D까지 가는 데 1시간 50분 걸릴 예정이었습니다. 그러나 BC를 걷는 도중에 물건을 떨어뜨렸다는 걸 깨달아 왔던 길을 되돌아갔습니다. 1.8km 돌아온 곳에서 물건을 발견한 다로는 다시 D를 향해 걷기 시작해 B에서 지로를 만났습니다.

(1) 지로가 D에서 A까지 가는 데 걸린 시간을 구하세요.

(2) 다로가 물건을 떨어뜨린 곳은 B에서 몇 *km* 떨어진 곳입니까?

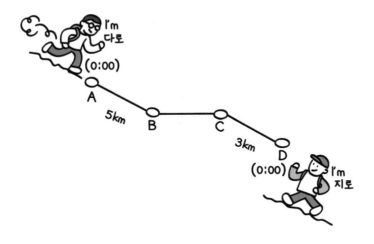

이 문제의 조건을 나열해봅시다.

1) AB 사이의 거리

2) AB 사이를 걷는 다로의 속도

3) AB 사이를 걷는 지로의 속도

4) BC 사이를 걷는 2명의 속도

5) CD 사이의 거리

6) CD 사이를 걷는 다로의 속도

7) CD 사이를 걷는 지로의 속도

8) 다로가 AD 사이를 걷는 데 걸릴 예정 시간

9) 다로가 물건을 떨어뜨려 쓸데없이 걸은 거리

10) 다로와 지로는 B에서 만났다

그리고 '동시에 출발(0:00로 합니다)'도 잊으면 안 되는 조건 중 하나입니다.

이 문제는 조건이 너무 많아 모든 조건을 한 번에 쓸 수는 없습니다. '이걸 구하려면 이것과 이것을 쓰고, 저걸 구하려면 이것과 저것, 아까 구한 그 결과를 더해서……'라는 식으로 무언가를 구할 때마다 조건을 취사선택해야 합니다.

그리고 하나라도 조건을 빠뜨리면 답이 안 나오니 막힐 때는 안 쓴 조건이 없는지 생각해야 해요. 조건을 정리하기 위해 그림에 필

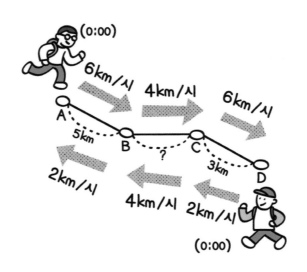

요한 정보를 써넣어 봅시다.

먼저 다로가 각각의 구간에 걸린 시간을 구합니다. 다로는 AB 사이의 5km를 시속 6km로 걸어갑니다. 여기서 '하지키'를 쓸 건가요? 물론 쓰면 답이 나오겠지만 수학머리인 사람은 어떻게 생각할까요?

시속 6km란 1시간에 6km 나아간 속도이므로

→ 5km면 1시간 걸리지 않는다

→ 답이 1보다 작아질 듯한 나눗셈

→ $\frac{5}{6}$시간

50분입니다.

다음으로 CD 사이의 3km를 시속 6km로 걸었으므로

→ 3km는 6km의 반

→ 거리가 반이면 시간도 반이므로 30분

그렇다면 BC 사이는

→ 1:50-0:50-0:30=30분

시속 4km로 30분 걸렸습니다.

BC 사이의 거리를 구할 때 '하지키'를 쓰는 사람은 어떻게 할까요? 4와 $\frac{1}{2}$을 적절히 사용해 답을 구하면 좋겠지만, 4와 30을 사용할 가능성이 높습니다.

그렇게 4×30을 해서 답을 120이라고 구했는데 아무리 생각해도 120km는 이상하니까(태연하게 120km라는 사람도 정말 있습니다) 120m라고 쓰는 등 엉망진창입니다. '시속 4km란 1시간에 4km 나아갔으므로 1시간의 반인 30분이면 거리도 반인 2km'처럼 숫자에 따라 유연하게 생각하는 것이 수학머리의 특징이지요.

AD 사이의 거리를 알았으니 지로가 그 구간을 가는 데 걸린 시간도 알 수 있습니다. 앞서 밝힌 오르는 구간의 합계가 3+5=8(km)이니 4시간. BC 사이는 다로와 같으니 30분. 따라서 (1)의 답은 4시간 30분입니다.

이 문제의 메인은 당연히 (2)번입니다. 다로가 물건을 떨어뜨린 곳이 B에서 몇 km 떨어진 곳인지 묻고 있습니다. 조건을 정리한 후 일일이 무엇을 쓰고 무엇을 빼면 좋을지 주의 깊게 생각해야 해요.

먼저 중요한 조건은 다로의 움직임입니다.

다로는 B를 통과한 후 C의 앞에서 되돌아가(그 구간의 시속 4km), 거기서 B를 지나(시속 2km) 1.8km 앞에서 다시 꺾어서(시속 6km) B 지점에서 지로와 만났다.

이 조건에서 생각하기 시작할 시점은 다로가 B를 통과했을 때 (0:50)부터로, 그때 지로는 B에 도달하기(2:00)까지의 시간 중 1시간 10분 되었을 때입니다.

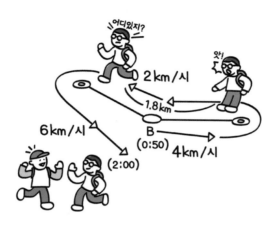

그림으로 그리면 이렇게 되어 이 사이에 다로가 걸은 거리는 1.8km×2=3.6km입니다.

→ B∼물건을 떨어뜨렸다고 깨달은 지점∼B 사이는 평지이므로 시속 4km.

→ B∼떨어뜨린 물건을 발견한 지점∼B는 올라가는 시속 2km 와 내려가는 시속 6km.

속도가 3가지나 된다고는 생각하기 어려우므로 B∼떨어뜨린 물건을 발견한 지점~B는 평균 속도로 처리합니다. 시속 2*km*와 시속 6*km*로 같은 거리를 왕복한 경우 평균 속도는 '(2+6)÷2=4'가 아니란 걸 이제 알고 있지요? 같은 거리를 왕복하는 경우의 평균 속도는 거리와 관계없으니 계산하기 쉬운 거리를 자유롭게 설정합니다.

시속 2*km*와 시속 6*km*일 때 계산하기 쉬운 거리는 당연히 6*km* 입니다.

걸린 시간은

$$(3+1)=4\text{시간}, \text{ 거리는 } 6\times2=12km$$

따라서 평균 속도는

$$12\div4=3km/\text{시}$$

다로는 시속 4*km*와 시속 3*km*의 속도, 시간은 합계 1시간 10분 $=\dfrac{7}{6}$시간에 3.6*km* 걸은 것이 되지요. 이는 흔히 말하는 '동물 다리 수 문제' 형식의 속도 문제입니다.

면적도를 그리면 알기 쉽다

'동물 다리 수 문제'란 다음과 같은 유형의 문제를 말합니다.

| 문제 |

학과 거북의 합계가 10마리이고, 다리의 수는 합계 26개입니다. 학과

거북은 각각 몇 마리일까요?

이런 문제는 학이나 거북 중 한쪽 동물이 전부인 경우를 가정해
그 오차에서 답을 구해갑니다. 학과 거북 중 아무 쪽이나 상관없이
계산하기 쉬운 숫자 쪽을 선택합니다. 이 문제는 어느 쪽을 골라도
차이가 없어요. 따라서 전부 거북이라고 가정해볼게요.

$$4 \times 10 = 40$$

$$40 - 26 = 14$$

가 되어 실제보다 다리가 14개 많아집니다. 그래서 학과 거북을 1마
리 바꾸어 넣으면 4-2=2로 2개 줄어듭니다. 14개의 다리를 줄이려
면 14÷2=7, 즉 7마리 학으로 바꿔야 합니다. 그래서 학이 7마리라
는 걸 알게 되지요.
　이 문제를 풀 때 면적도를 쓰면 편리해요.

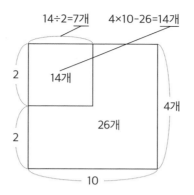

그럼 다로와 지로 문제도 똑같이 해봅시다. 다시 한번 아까의
문제 조건을 보면

다로는 시속 4km와 시속 3km의 속도, 시간은 합계 1시간 10분=$\frac{7}{6}$시
간에 3.6km를 걸었다.

입니다.

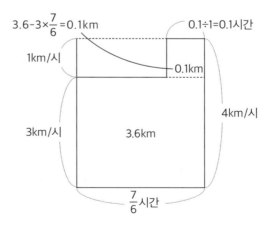

만약 시속 $3km$로 걸었다면 $3 \times \dfrac{7}{6}$=3.5km가 되어 3.6km보다 적어집니다. 그러면 아래와 같은 그림으로 나타낼 수 있습니다.

그림에서

$$3.6-3.5=0.1km$$

$$0.1 \div 1 = 0.1시간$$

시속 $4km$로 걸은 시간이 0.1시간임을 알 수 있습니다. 그러니까

B~물건을 떨어뜨렸다고 깨달은 지점~B의 거리 : 4×0.1=0.4km

B~물건을 떨어뜨렸다고 깨달은 지점의 거리 : 0.4÷2=0.2km

B~떨어뜨린 물건을 발견한 지점 : 1.8-0.2=1.6km

어떤가요?

중학교 입시 문제인데도 이렇게나 많은 조건을 처리해야 합니다. 수학머리를 가진 사람도 조건이 많으면 어쩌다 쓰는 걸 잊어버려 문제를 풀다 막힐 때가 자주 있어요. 그럴 때 놓친 조건은 없는지 침착하게 돌아봐야 합니다.

도형 문제의 모든 조건이란?

'접현 정리', '각의 이등분선의 정리' 등 조건을 적절히 쓴다

문제를 풀기 위해 반드시 필요한 조건

수학 문제는 주어진 조건을 모두 쓰는 것이 원칙입니다. 그러나 본 문제가 (1), (2) 등 작게 나뉘어 있는 경우는 결국 모든 조건을 쓰기는 하지만 (1)번 문제에서는 필요 없는 조건이 있습니다.

그러니 (1)번 문제를 풀기 전에 쓸 조건을 골라야 합니다. (1)번부터 막힌다면 정작 필요한 조건은 빠뜨리고 오히려 필요 없는 조건을 붙들고 있지 않은지 고민해보세요. 그래서 잘 안 풀릴 때에는 쓰지 않은 조건은 무엇이고, 그 조건이 필요한지 잘 생각해야 합니다.

다음 문제는 와세다 실업고등학교 입학시험 문제입니다.

| 문제 |

아래 그림처럼 선분 AB를 지름으로 하는 반원 O가 있습니다. AB의 연장선상에 점 C를 찍고, C에서 반원 O에 접선을 그어 접점을 D, ∠BAD의 2등분선과 선분 BD의 교점을 E라 합니다. BC=9cm, CD=12cm일 때 다음 각 물음에 답하세요.

(1) 반원 O의 반지름을 구하세요.

(2) 선분 AD의 길이를 구하세요.

(3) △ADE의 넓이를 구하세요.

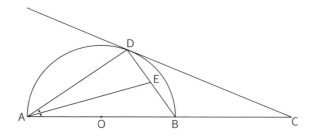

이 문제의 조건을 모두 써보면

1) 지름 AB, 중심 O인 반원

2) DC는 반원 O의 접선(접점은 D)

3) ∠DAE = ∠BAE

4) BC = 9cm

5) CD = 12cm

이 중에서 (1)번 문제를 푸는 데 불필요한 조건이 하나 있어서 조건 1개를 버려야 합니다. 잘못해서 필요한 조건을 버리고 불필요한 조건에 집착하면 한참을 생각해도 실마리는 찾을 수 없습니다. 그럴 때는 버릴 조건과 쓸 조건을 바꾸어보면 좋은데 아직 수학머리가 아닌 사람은 어떻게 바꿔야 할지 잘 모르지요.

이 문제에서 보란듯이 그림에 표시된 각의 이등분선 ● 표시는 (1)번 문제를 푸는 데 불필요합니다. 그리고 스스로 그림에 조건을 써넣을 때 길이는 누구나 쓸 수 있지만 '접하고 있다'는 그림에 어떻게 표시해야 할지 몰라서 '흠, 접하고 있다……' 하고 머릿속을 스쳐 지나가고 끝입니다.

그림에 쓰지 않으면 막상 문제를 풀 때 이미 조건들이 의식에서 날아가 버리고 눈길은 그림 속 각의 이등분선 표시에 가서 배가 산으로 가는 격이 됩니다. 그래서 쓰지 않은 조건은 없는지 자문자답하는 능력이 수학머리의 여부를 정하는 갈림길인 것입니다.

이번 문제의 경우 접선임을 사용하지 않은 일을 깨달으면 접현정리를 사용한다는 의미가 됩니다.

$$\angle BDC = \angle DAC$$

각의 이등분선은 어쨌든 (1)번을 풀 때 필요 없습니다. (3)번 문제를 흘끗 보니 각의 이등분선은 여기서 쓰는 조건임을 깨달아 일단 배제하고 다음과 같은 그림을 그리게 되겠지요.

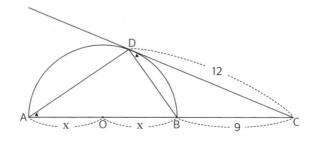

△CDB ∽ △CAD 이 둘의 닮음은 대응을 알아보기 힘듭니다.
그럴 땐 작은 쪽 삼각형을 ∠C 쪽으로 뒤집은 아래와 같은 그림을
그리면 알기 쉽습니다.

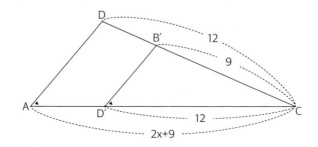

이 그림을 보며 닮음비의 방정식을 세우면 끝입니다.

$$12:9=4:3=(2x+9):12$$

$$3(2x+9)=48$$

$$6x+27=48$$

$$6x=21$$

$$x=\frac{7}{2}$$

보이는데 눈에 안 들어오는 중요한 것

다음으로 (2)번에서도 무심코 조건을 빠뜨려 답에 이르지 못하는 사

람이 많습니다. 어쨌든 안 풀릴 때는 쓰지 않은 조건은 없는지 잘 살펴야 합니다.

(2)에서 묻는 것은 AD의 길이입니다. (1)에서 닮음을 이용했으니 똑같이 닮음을 이용해 AD에 대응하는 BD의 길이를 알면 됩니다. 그러나 BD의 길이를 모릅니다. 여기서 쓰지 않은 조건은 없는지 다시 한번 하나씩 확인하면 'AB는 지름'이라는 조건을 무심결에 빠뜨렸다는 것을 깨달을 수 있습니다.

지름에 대한 원주각은 90°이므로 △ABD는 직각삼각형입니다. 그러면 AD:BD=4:3이므로 예의 3:4:5의 직각삼각형임을 알 수 있습니다. 따라서 AD:AB=4:5이고, (1)에서 AB=7이므로 $AD = \dfrac{28}{5}$ 입니다.

(3)에서는 '쓰지 않는 조건은 없다'라는 원칙에 의해 당연히 AE는 각의 이등분선임을 사용합니다. 각의 이등분선의 정리에서 DE:EB=4:5이므로

$$\triangle ADE = ABD \times \frac{4}{4+5} = \frac{21}{5} \times \frac{28}{5} \times \frac{1}{2} \times \frac{4}{9} = \frac{392}{75}$$

로 (3)의 답이 구해집니다.

'각의 이등분선의 정리'를 증명할 수 있는가?

수학머리인 사람과 아닌 사람의 가장 큰 차이는 모든 정리를 증명할 수 있는지의 여부입니다. 저는 앞서 수학머리를 '본질을 파악해서 이해하는 힘'이라고 정의했습니다. 정리의 증명은 단순한 암기만으로 모든 것을 기억할 수 없습니다. 근본 원리를 알아야 전부 기억할 수 있지요.

그림처럼 BA를 연장해 AC=AE가 되도록 점 E를 찍고 C와 연결합니다.

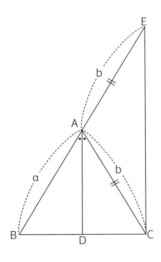

AC=AE이므로 △ACE는 이등변삼각형. 즉 ∠E=∠ACE. 외각 정리에서 ∠E+∠ACE=∠BAC. 그러면 ∠E=∠ACE=∠BAD=∠DAC.

따라서 AD와 EC는 평행입니다. 그 말은 다음의 답을 구할 수 있습니다.

$$AB:AE=BD:DC$$

$$AE=AC이므로$$

$$AB:AC=BD:DC$$

이로써 증명을 마칩니다.

"수학 배워서 어디에 써먹어요?" 저는 학생들이 이렇게 물으면 정말로 별로 써먹을 데가 없다고 대답했습니다. 왜냐하면 그런 질문을 하는 학생은 수학 공부가 하기 싫어서 도망칠 곳을 찾고 있을 뿐이기 때문이죠. 저는 하고 싶지도 않은 사람에게 억지로 수학 공부를 시킬 필요는 없다고 생각해 그렇게 대답했습니다. 하지만 수학은 최첨단 기술 개발뿐 아니라 극히 평범한 일반인의 일상생활에서도 정말 많은 도움이 됩니다.

누군가 이런 말을 했더군요.

수학은 사회에 나와 도움되진 않지만, 수학을 못하는 사람은 사회에 도움되지 않는다.

이목을 끌기 위한 단순한 격언으로 표현했다면 그 취지에는 대체로 찬성합니다. 그러나 말이 조금 과격합니다. 이 격언의 앞뒤를 나눠 좀 더 상냥하게 바꾼 후 제 신조로 삼고 싶습니다.

먼저 '수학은 사회에 나와 도움 되지 않는다' 부분입니다.

수학으로 사람들의 생활을 편리하고 풍요롭게 하는 최첨단 기술을 개발하고 운용해 사회에 큰 공헌을 하는 사람, 학교나 학원의 수학 교사처럼 수준 높은 수학으로 사회 발전에 기여하는 다음 세대 젊은이를 키우는 사람, 제일 아래에서는 저처럼 수학을 주제로 유튜브에서 돈을 버는 사람 등 극히 소수지만 사회에 나와 수학을 '직접적으로' 쓰는 사람도 있습니다.

그러나 대다수의 사람은 직장이나 일상생활에서 미분이나 삼각함수 등 수학을 '직접' 쓰는 일이 없습니다. 단순한 거스름돈의 뺄셈조차 현대 사회에서는 쓰는 일이 거의 없을 정도죠. 그러니까 수학은 대부분의 사람이 사회에 나와 직접적으로 도움되는 일이 아니라고 해도 틀리진 않습니다.

다음으로 '수학을 못하는 사람은 사회에 도움되지 않는다' 부분은 '수학적'으로 서투른 표현으로 보이네요.

'수학이 도움된다'의 '도움된다'를 '쓴다' 정도의 의미로 보면 문제가 없습니다. 하지만 '사회에 도움되지 않는다'의 '도움되지 않는다'는 정의가 명확하지 않고 '사회'라는 것도 범위가 너무 넓어요. '사회에 도움되지 않는 사람' 따위의 말을 들으면 '국가의 유지, 발전에 공헌하고 있지 않은' 저 같은 사람이 가장 먼저 떠오르지만 여기서는 그런 의미가 아니겠지요.

여기서 '수학을 못하는 사람은 사회에 도움되지 않는다'를 오해가 적을 듯한 표현으로 바꾸면 다음과 같은 느낌 아닐까요?

일상생활에서 부딪치는 미지의 과제를 해결해야 하는 상황에서 수학적 사고력이 뛰어난 A 씨와 그렇지 않은 B 씨 중 A 씨가 그 과제를 잘 해결할 개연성이 높다.

쉽게 말해 A 씨와 B 씨는 사회에서는 '일 잘하는 사람'과 '일 못하는 사람', 동료 사이에서라면 '재능 있는 사람'과 '재능 없는 사람'이라는 말인데 수학을 잘하는 사람은 양쪽 다 전자일 가능성이 높다는 말이겠지요.

어째서 그렇게 말할 수 있을까요? 다시 한번 수학을 못하는 사람의 특징을 확인해봅시다.

① 정의를 소홀히 여긴다

② 문제 푸는 법만 외운다

③ 왜 그렇게 되는지 생각하지 않는다

④ 머리를 안 쓴다

⑤ 실수를 깨닫지 못한다

⑥ 전체 흐름을 파악하지 못한다

⑦ 귀납적 사고를 하지 않는다

⑧ 조건을 놓친다

수학 외의 다른 분야에서도 이러한 자세로 임한다면 일을 제대로 할 수 없겠지요.

한편 수학적 사고가 가능한 사람은 모두 반대입니다. 정의를 중요하게 여기고 본질을 이해하는 일이 사고의 첫걸음이므로 먼저 과제가 무엇인지 그 본질을 생각합니다.

미지의 과제에 정해진 풀이법은 없으므로 '왜 그런 일이 생겼을까' 원인을 생각하고 해결에 필요한 조건을 모은 후 그에 대응하는 해결법을 모색합니다. 또 전체 흐름을 생각해 어떤 순서가 좋을지 고민하고 최적의 방법을 찾아냅니다.

이렇게 할 수 있는 이유는 귀납적 사고로 과거의 개별적·구체적인 경험을 추상화·일반화해 다음에 쓸 준비를 하기 때문입니다. 더욱 어려운 과제를 접했을 때는 한층 더 노련해져 있겠지요.

수학은 '합리적'인 사람을 만든다

'리즈너블(reasonable, 합리적)'이라는 말을 자주 듣습니다. '매우 리즈너블한 가격'처럼 쓰일 때는 가격이 싸다는 의미겠지만, 본래 이 단어에는 '싸다'라는 뜻이 없습니다. 리즈너블은 'reason(이유)'의 형용사로 '타당하다, 합리적이다, 사리에 맞다'라는 의미입니다. 'I am a reasonable man'은 '나는 싼 사람입니다'가 아니라 '나는 합리적인 사람입니다'라는 뜻이지요.

수학 공식에는 모두 합당한 이유가 있고 그를 잘 이해해야 조리 있는 사고력이 키워집니다. 이유나 도출법도 모른 채 통암기한 공식에 숫자만 대입해 높은 점수를 받아봤자 제대로 된 사고력은 익힐 수 없습니다.

합리적인 사고력을 익히면 가입할 필요 없는 보험에 가입하거나 복권을 100장, 200장 사서 큰 손해를 보는 일도 없겠지요. 물론 복권에는 '당첨되면 무엇에 쓸까?'라는 설렘이나 '꿈을 산다'라는 부가가치가 있다는 사실은 인정합니다. 단지 300엔짜리 복권을 100장 살 때의 3만 엔보다, 딱 1장만 사고 남은 29700엔으로 고급 레스토랑에서 식사를 한 3만 엔 쪽이 더욱 리즈너블합니다.

합리적으로 사물을 생각하는 힘을 키우는 데 가장 적합한 공부가 바로 수학이 아닐까요?

그런 의미에서 수학 공부는 삶 전반에 매우 도움된다고 생각합니다.

옮긴이 **최지영**

한양대학교 대학원 일본언어문화학과에서 일본 문화를 전공했다. 출판사에서 편집자로 근무하며 일본 소설, 인문서, 미술 도서를 만들었다. 글밥아카데미를 수료하고 현재 바른번역 소속 번역가로 활동 중이며 『욕망의 명화』 『하루 5분, 명화를 읽는 시간』 등을 번역했다. 인문학, 교양과학 등 앎의 즐거움을 주는 책에 관심이 많다.

복잡한 것을 단순하게 보는 사고의 힘

수학으로 생각하기

초판 1쇄 발행 2022년 6월 29일
초판 4쇄 발행 2023년 11월 17일

지은이 스즈키 간타로
펴낸이 김선준

편집본부장 서선행
책임편집 임나리(lily@forestbooks.co.kr) **편집1팀** 배윤주, 이주영 **디자인** 엄재선, 김예은
마케팅팀 권두리, 이진규, 신동빈
홍보팀 한보라, 이은정, 유채원, 유준상, 권희, 박지훈
경영관리팀 송현주, 권송이

펴낸곳 (주)콘텐츠그룹 포레스트 **출판등록** 2021년 4월 16일 제2021-000079호
주소 서울시 영등포구 여의대로 108 파크원타워1 28층
전화 02) 332-5855 **팩스** 070) 4170-4865
홈페이지 www.forestbooks.co.kr
종이 (주)월드페이퍼 **출력·인쇄·후가공·제본** 더블비

ISBN 979-11-91347-90-6 03410